次世代型農業の針路Ⅰ

「農企業」のアントレプレナーシップ

攻めの農業と地域農業の堅持

小田滋晃
坂本清彦
川﨑訓昭
編著

昭和堂

はじめに

本書は、京都大学「寄附講座「農林中央金庫」次世代を担う農企業戦略論」及び当寄附講座と密接に連携して農業経営研究を進めてきた研究者や実務者等による成果をまとめた既刊「農業経営の未来戦略 第Ⅰ～Ⅲ巻」（昭和堂刊）を引き継ぐ新シリーズ「次世代型農業の針路」の第Ⅰ巻である。本書の趣旨を紹介するに先立ち、同寄附講座のこれまでの活動の概略を述べておきたい。

寄附講座「農林中央金庫」次世代を担う農企業戦略論は、農林中央金庫の寄附により京都大学大学院農学研究科に２０１２年に設置された。以来、同講座は地域に並存する多様な農業経営体が地域経済・社会に大きな影響を与えるなか、それら個別経営体の経営改善・発展及びそれらが位置する地域の活性化に資する農業経営諸理論の構築とそれに基づいた諸方策・モデルの具体的提示等を狙い、研究・教育・普及活動を進めてきた。そこでは、（１）個別農業経営体における戦略の策定と経営責任者に対する監視・監督及び家族、地域住民、出資者、行政やＪＡなど農業経営体の戦略を規定づけるステークホルダーとの関係樹立・維持、すなわち「ガバナンス」、（２）人材の確保・開発・育成、農業技術の習得・実践、財務・投資から販売・流通戦略などのヒト、モノ、カネ、農林地、環境、情報の総合的な管理、すなわち「マネジメント」、（３）個別経営のガバナンス・マネジメント及び、そのあり方が濃密な形で発現する生産者連携、六次産業化、農商工連携や地域産業クラスター化、すなわち「ネットワーク」といった多面的な分析上の視角を設定し、農業経営の実践的ありようを現場で検証し研究成果として蓄積してきた。その成果は、京都大学において年２回開催する一般公開シンポジウムや、右記「農業経営の未来戦略」シリーズを通じて公表してきたところである。

こうした研究においては、「農企業」に総称される伝統的家族経営から企業的経営まで多様な形態をもち健全に農業を実践する様々な農業経営体のなかでも、「先進的経営体」を分析の主たる対象としてきた。そして「先進的経営体」が、起業家精神を持つ経営者を中心に、先進的な技術や外部資金の導入をともなない革新的な価値を創造するのみならず、リーディング・ファームとして他の経営体の模範となり、地域雇用の創造や地域農業諸資源の維持・承継への貢献など、地域社会に対して広範な役割を担っていることを、研究を通じて示してきた。その中でわれわれは、先進的農業経営体による革新は一握りの起業家精神を持った経営者だけでなされるものではなく、特にその持続的な経営展開のためにも多様で健全に地域の農業を担う他の「農企業」や、関係機関の存在が不可欠であるという仮説をもつに至った。

この「仮説」は、様々な地域に位置する「農企業」の具体的ありようを調査・検証するなかで「確信」に近いものとなっている。一般に農業は、農地や水利を中心に地域や集落等に存在する様々な諸資源と極めて緊密に結びつき、それら諸資源を過去から現在、未来の世代へと受け継ぐことで営まれる。特に農地を生産の基盤とする限りにおいて、先進的経営体といえどもこの農業の特質からは逃れられない。最先端の技術を取り入れた施設園芸などを「次世代型農業」ととらえ、こうした農業を展開する経営体を「先進的経営体」と考える向きもあろうが、われわれが「次世代」というキーワードを使うなかで重視するのは、未来の世代へ地域や集落に存在する様々な農業生産諸資源を引き継ぐことであり、「先進的経営体」とはその能力を有し、地域のステークホルダーとともにその責任を果たしうる経営体を指す、と考えている。そしてわれわれに現在課された課題は、これまでの課題を引き継ぎつつ、前述の「仮説」を今後の研究を通じて実証し、地域農業・地域社会の活性化と、ひいては日本農業の活性化とにつながる具体的方策やモデル作りとそれに資するより高度な農業経営理論の構築にある。

そのような認識を踏まえ、本シリーズを「次世代型農業の針路」と名づけ、われわれ寄附講座や関係研究者や実務者等による研究・教育・普及活動の成果を、農業に興味を持つ幅広い分野の大学生・大学院生、研究者、教育者、一般市民を対象に、引き続き公表していくこととした。

特に新シリーズ第Ⅰ巻は「攻めの農業と地域農業の堅持」を副題に冠し、農業における革新を可能にする主体や制度を、理論・実践両面から検討・紹介することとする。ここで農業における革新はいわゆる「先進的経営体」のみが可能にするのではなく、既存の主体・制度を含む社会・経済・文化的文脈やネットワークの中に生じるとの前提で理論の彫琢と実践事例の分析を進めることとし、第Ⅰ部で理論面、第Ⅱ部・第Ⅲ部で実践面を取り上げることとする。

実践面で取り上げた各章の概要は、以下のとおりである。

◇第Ⅱ部　「攻めの農業」の推進力

第3章　NPO無施肥無農薬栽培調査研究会が普及を図っている無施肥無農薬栽培を事例とし、生産実態、収益性、採用に至るまでの意思決定過程の把握を通して、生産拡大に向けた課題と有効と考えられる方策を提示している。

第4章　木質バイオマス発電事業と次世代施設園芸との連携事業によって、発電の排熱や二酸化炭素を効率的に利活用した場合の事業性について考察をおこない、連携の効果と可能性について言及している。

第5章　「農匠ナビ1000プロジェクト」を事例として取り上げ、大規模稲作農業生産法人4社の経営概況や経営戦略を明らかにするとともに、稲作経営技術パッケージの概要および生産費低減効果について言及している。

第6章　A-FIVE（農林漁業成長産業化支援機構）が設立されて4年目を迎え、「農林漁業成長産業化ファンド」を活用した全国の6次化事業体は100社になろうとしている。一層の活用を期待し、出資から経営支援まで手厚い支援の仕組みを紹介している。

◇第Ⅲ部　「守りの農業」の潜在力

第7章　農村地域を取り巻く文化・歴史をいかに継承・発信していくかを課題として、その先進地域であるイタリア国ロマーニャ地方を対象に、地域でおこなわれている持続可能な農業関連産業の仕組みづくりや地域住民のかかわりについて言及をおこなっている。

第8章　中国地方、特に岡山県の小水力発電の特徴と近年の動向を把握するとともに、岡山県内の事例と2000年以降の小水力発電導入事例との比較をおこない、小水力発電事業のマネジメントにおける2つの方向性について考察している。

第9章　農業経営には他産業と異なる特有のリスクを有することから、それらのリスクを軽減する制度を整備し、金融の円滑化が図られてきた。近時においては農業経営の大規模化に対応した資本供与など、新たな取組みが活発化している現状を紹介している。

最後にこの場をお借りし、われわれに研究・教育・普及にかかる貴重な機会をご提供くださった農林中央金庫、われわれの編集作業をご支援くださり出版まで引っ張ってくださった昭和堂に対して、深く謝辞を表す次第である。

小田 滋晃・坂本 清彦・川﨑 訓昭

次世代型農業の針路 I

「農企業」のアントレプレナーシップ

——攻めの農業と地域農業の堅持

目次

第Ⅱ部　「攻めの農業」の推進力

第Ⅲ部 「守りの農業」の潜在力

第I部 農業経営体の飛躍を支える理論

第1章 先進的農業経営体における事業展開の論理と方向
——六次産業化と農協の役割に着目して

小田滋晃
坂本清彦
川﨑訓昭
長谷 祐

1 農業経営における新たな潮流

近年、産地や地域農業の衰退・疲弊が指摘される一方で、先進的農業経営体(1)が各地で展開するとともに、それらを中核とする六次産業化事業が各地で進展し、注目を集めている。それら新たな動きの面的広がりが今後期待される一方、先進的農業経営体が担う諸事業の展開・発展の動向は、わが国農業の針路を規定する重要な要素であるといえよう。

そこで本章では、多様な形態が存在する「農企業」経営体(2)の近年の動向を踏まえ、まさに現在進行形の先進的農業経営体における事業展開の方向を、具体的事例に基づいて理念的に整理し、その論理と新たな方向を提示する。その際、それら諸事業を展開する先進的農業経営体が持続的に展開・発展するうえで、これらの経営体が位置する「産地」や地域における農協が果たしうる役割についても併せて整理することを課題とする。

なお、この農協の役割に関しては、単に先進的農業経営体の展開・発展にのみ焦点を当てるのではなく、農協のもつ本来的意義を踏まえつつ、「産地」や地域における伝統的な意味での家族農業経営体を含む他の多様な「農企業」経営体との共存・共栄や効果的な連携関係の構築、それらを前提とした地域活性化という諸視点が課題解明における重要なベースとなろう。

2 農業経営体における新たな事業展開

ここでは、先進的と目される多様な農業経営体が、現在まさに展開している生産、加工、販売、サービス等を含むさまざまな事業に焦点を当てる。そして、具体的事例に即して整理したさまざまな事業展開の理念的類型として、代表的な3類型を提示しよう[3]。

(1) 家族農業経営体を出自とした事業展開

最初に家族農業経営体を出自として展開する事業類型である。従来型の家族農業経営体では、経営体内でのナレッジマネジメントを基本とした経営者能力の育成、生産技術の安定的持続化を図りながら、販売の安定的持続化を達成してきた。また、これら経営体が立地する産地では、集出荷組織・JA・自治体が産地維持に向けて個別の家族農業経営体と連携した各種活動を展開してきた。このような伝統的な家族農業経営体を出自としながらも、この事業類型では従来型の経営体からの脱却を図る経営体であることが想定され、さらに以下の2つの理念的事業類型が提起できる。

【理念的事業類型①：加工事業委託型】

類型①[4]は、農産物の青果販売と並行して、単一もしくは複数の加工品製造を外部に委託[5]し、それら農産物加工品の販売をおこなうものである。当該類型は、基本的には自らの農業生産を経営体の基軸としながら、加工事業を外部に委託し、委託製造された加工品の販売を直売所やインターネット等でおこなう。加工品の原料は、経営体内で生産した農産物のみを利用するだけでなく、地域内の生産者とネットワークを形成し、そこから調達する場合も想定される。ただし、この種事業は大規模に加工事業を展開することはなく、一般的にはニッチ市場対応が中心となる。

【理念的事業類型②：生産者グループ連結型】

次いで、類型②[6]は、主に単一品目の農業生産を経営体の基軸としながら自前の加工施設[7]を併設し、ターゲットを絞った加工事業への展開を図るものである。この種の事業では、加工施設の通年稼働のための原料農産物の調達・確保が重要な課題となるため、地域の生産者と連携を図り、それらの調達・確保に努める必要性が一般的に想定される。自前施設で加工した農産物加工品は、都市部を中心とした中食・外食業者へ業務用原料食材として販売することが想定される。また、こうした事業類型では事業規模の拡大に伴い、当該事業経営体の基軸が農業生産部門から大規模化された加工部門へとシフトすることも将来的には想定される。

（2）農業生産組織を出自とした展開

次の事業類型は、農業生産組織[8]を出自とした展開を基軸とする事業類型である。

【理念的事業類型③：組織内事業部門連結型】

類型③[9]では、生産部門において多品目の生産がおこなわれ、それらの青果販売と同時に一部を加工用の原料農産物として付帯事業である加工製造に利用することが想定される。加工施設は、組織内における農産物の受け皿として機能するが、近隣の農業経営体と生産契約を結び地域農業の受け皿となることも期待される。組織内で生産された商品は、自前やその他の直売所、ネット等での販売に加えて、他地域と連携を図り、販売を広域展開することも想定される。[10]

なお、以上の理念的事業類型とそれらの事業の展開方向を模式化したものが、図1である。

3　各理念的類型における事業展開の方向

各理念的事業類型においては、それら各事業に関わる個別農業経営体や農業生産組織、その他事業経営体等に関して多様な事業展開が想定できる。社長等の事業代表者がその事業展開の上に、イノベーションの結果として現れる新たな事業を創造することにより、従来型の家族経営体や組織経営体の枠を超えて成長・発展する可能性が想定される。ここでは、先に示した3つの理念的事業類型ごとに、具体的な事例を踏まえつつ事業展開の方向性を整理しておこう。

【理念的事業類型①：加工事業委託型】

類型①では加工・販売の事業規模は、一定の地域内需要への対応を基本とする。この場合、自経営体での直

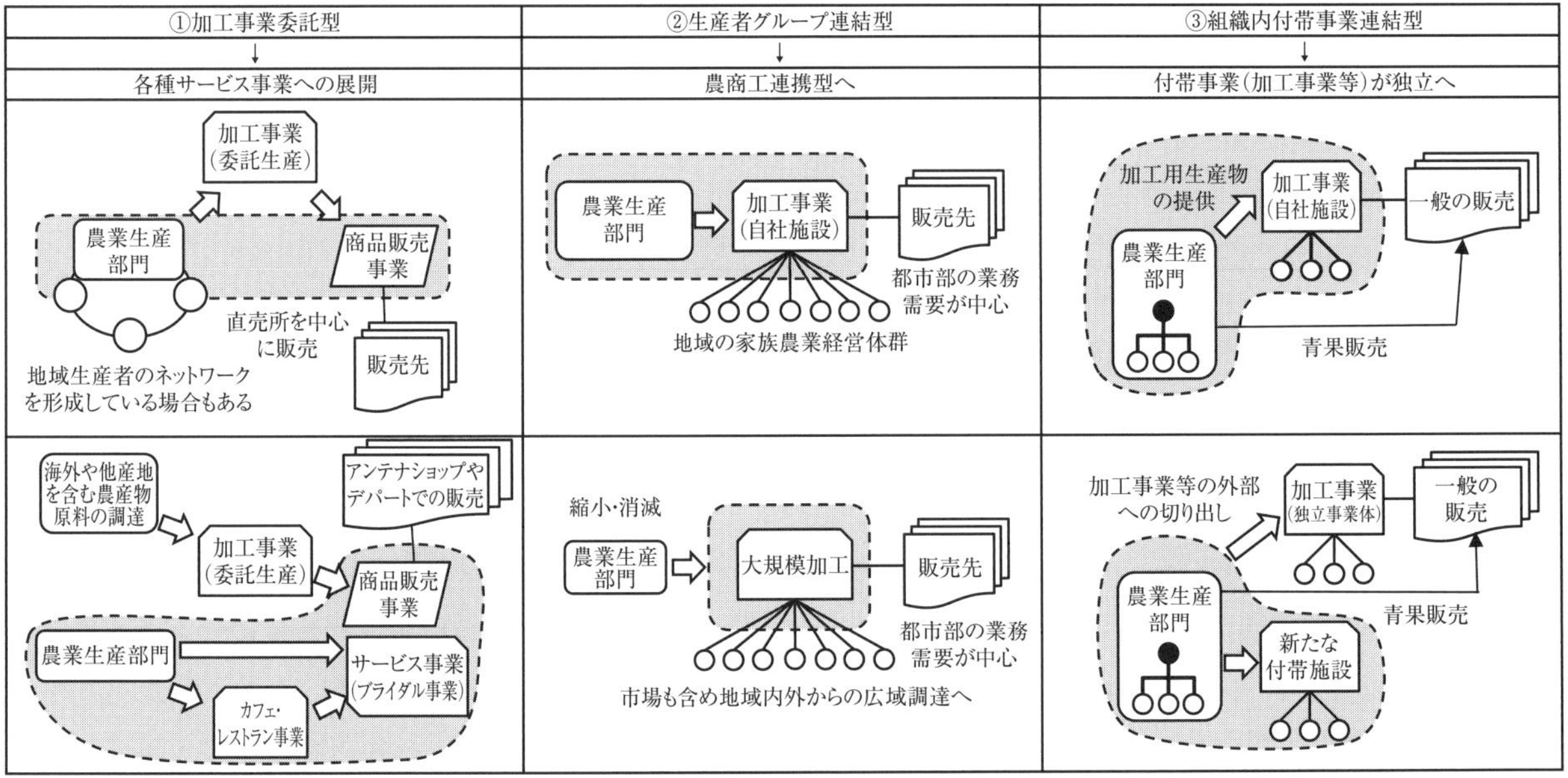

図1　理念的事業類型と事業展開の方向

出所：文献［3］［4］に掲載された図表を転載、加筆、修正したものである。

注：図中、●は各事業類型の社長等の事業代表者を示している。
　○は各事業類型の翼下に入る園芸作生産者または契約生産者、あるいは原料調達先を示している。
　また、点線で囲まれた部分は、各事業類型の中核を担っている事業を示している。

販や地域の直売所、高速道路のサービスエリア内売店、インターネット販売などが具体的に想定でき、一定のリピーターやサポーター的支持者の獲得が重要となる。ただし、そのためには相当な営業努力が必要となることは言を俟たない。また、このような経営を展開するなかで、自経営体内での直売、観光農園化等で集客力が増してくると、自前で小規模な加工施設を併設し、農産物の生産から加工、商品販売までの事業展開を図っていくことや、カフェ、レストラン等の施設を併設し、サービス事業にシフトした事業展開を図っていく方向も想定される。さらに展開が進むと、自経営体や地域内からの調達だけでなく海外を含む他産地の農産物を原料とした土産物事業[11]への展開や、結婚式場を併設してブライダル事業に至る展開まで想定できる。ただし、これら多様なサービス事業を展開する基盤は、当然に自経営体内での一定の農業生産が前提となる。特に果樹生産においては、一定期間果実を樹木にならせておき、来店者にそれら果実を「見せる」ことをサービス事業の主要な柱とすることが想定される[12]。

【理念的事業類型②：生産者グループ連結型】

類型②では、当初は単一の作目や関連作目での農業生産が中核となる。次いで、近隣の同種経営体からの契約等に基づいた調達も前提として、加工施設[13]が併設される。そして、それら加工品の販売のため、大手のファミリーレストラン・居酒屋チェーン店との契約も視野に入れながら都市部の業務需要を中心に、競合他社への対応も含め積極的に営業活動を展開し、販売先の確保と定着に努めることになる。このような販売のための厳しい営業努力が開花すると、急速に販路の拡大及び販売量・販売額が増加する可能性をもつ。そのとき、自経営体や契約農家からの原料農産物の調達の限界が見えてくると、地場市場や近隣農協から同種作目を調達する必要に迫られる。また、販路が拡大し販売量が増加していくなかでは、大手顧客への欠品は厳しく拒断されかつ通年での定常対応をおこなうという社会責任が発生する。このような状態になったとき、社長等の事業代表者は一つの大きな経営判断を迫られることになる。それは、自らの農業経営体及び加工事業、そして販売・営業事業のありようを将来の戦略の中でどう位置づけるかということである。このような段階になると同事業においては一般に加工事業が中心となり、販売・営業事業からの要求に応じた加工対応のために必要な「原料」の調達に迫られる。そして、原料調達は全国ベースでの調達が基本になり、場合によっては海外から調達することもありうる。そのなかで、自らの農業経営体からの調達比率は低下し、当該農業経営体を存続するか、しないかの判断が迫られることが想定される。そうした場合、農業生産部門は縮小もしくは消滅する方向を伴いつつ当該経営体から切り離され、加工部門が中核となる農商工連携型へとシフトすることが想定される。

【理念的事業類型③：組織内付帯事業連結型】

類型③では、一定地域における農業生産を柱とした生産者組織が生産・集荷・加工・販売、サービス等を一体的に展開する。そして、その生産者組織翼下の農家や農業経営体への資材供給事業、組織内でのさまざまな作目の集荷・調整事業、加工事業、輸送事業、販売・営業事業等が事業の展開方向として想定される。また、これら組織の経営方針としては一般ビジネス指向と運動論・理念論先行指向とが考えられる。特に後者では、無農薬生産や有機農業生産、減農薬生産等を主体に、こだわり農産物を集荷・販売する都市部の事業体⑭や生協⑮等が販売先となる場合が想定され、当該類型事業が成長・発展するためには、安定的に一定量が確実に納入できる販路の確保が前提となる。

そのような成長・発展が継続し、当該類型事業に含まれる集荷・調整事業、加工事業、輸送事業、販売・営業事業において、それぞれの機能が拡大・高度化していくにしたがって、それぞれの施設・手段における事業を分社化・外部組織化する方向が想定される。例えば、販路の拡大に伴った加工品目数や加工生産量の大幅な増加に伴い、組織内の生産部門や契約生産等でそれらの原料農産物の調達が時期的・量的に困難となる場合、近隣の市場やJAから、あるいは広域からの調達を前提として加工施設を分社化・外部組織化させて独立させる展開も想定される。このように、それぞれの事業が当該事業類型を中核としつつも、それぞれの論理で営業活動を展開することが想定される。そして究極的には、加工事業、自社トレーラーによる輸送事業、ネットを中核とした販売事業等を分社化・外部組織化させて別事業として切り出し、本体である当該類型事業との連携を優先しつつもそれぞれの経営判断で事業展開を図るといった方向が想定される。

4 イノベーションの原動力となる「儲け」のフェーズの認識

各理念的事業形態における社長等の事業代表者が多様な事業展開の方向を展望するとき、さまざまな事業展開の基盤としてのイノベーションの原動力となる「儲け」のフェーズ[16]をどこに認識するかを検討してみよう。

類型①においては、まず自経営体内での農業生産・販売を基盤に、一部を委託加工に回し加工商品化を図る。当初は、営業・販売活動を丹念におこなうことによって「儲け」のフェーズとしてこの加工事業を軌道に乗せる必要がある。ただし、農業生産に経営体の基軸が置かれているので、自経営体外の地域農家からの原料調達が発生するとしても加工事業の規模は一定の水準に留められる。むしろ、自経営体での直売を中心に集客力が高まるにつれ、観光農園事業、喫茶店やレストラン等の飲食事業、土産物事業、ブライダル事業等の先述したさまざまな事業展開の方向の中に「儲け」のフェーズが認識される可能性が想定される。

類型②においては、当初の加工品の販売が拡大するに従い加工事業が大規模な「儲け」のフェーズとして認識され、食品加工業化が目指されるとともにそれを支える原料調達が事業継続の成否を決定することになる。この場合、自経営体での生産は象徴的となり、さまざまな経路を組み合わせて周年での原料調達を確実に可能とするシステム構築が必須となる。その意味では、市場や産地からできるだけ安価に原料を調達する商人化の方向も間接的な「儲け」のフェーズとして認識される可能性がある。この延長線上には、これらのシステムのフランチャイズ化による手数料収入やこの種知財の蓄積を前提としたコンサルタント化によるコンサルティング料収入も「儲け」のフェーズとして認識される可能性があろう。

類型③においては、生産組織内のさまざまなこだわりの農産物の生産・販売がまず「儲け」のフェーズの基本となる。そして、生産組織翼下の農家や個別経営体への共通生産資材の提供が一定の「儲け」のフェーズとして認識される可能性がある。いわゆる川上業者化の方向である。また、付帯事業としての加工事業、流通・輸送事業、ネット販売事業がそれぞれに順調な展開がなされるという前提で、「儲け」のフェーズとして認識され、それぞれが食品加工業化、運送業化、通信販売業化等の方向が追求される。場合によっては、組織内農産物だけでなく、当該組織の販売力を頼りに市場や地域から関連の農産物を仕入れて販売するという商人化の方向も「儲け」のフェーズとして認識されうる。特に、通信販売業化に関しては、新たな営業・販売空間の創造という側面ももちうる。

5 事業展開におけるＪＡの役割

農業経営体の各類型における「儲け」のフェーズの認識とそれを可能にする経営資源の供給源として、先進的農業経営体が位置する「産地」[17]や地域に存在するＪＡの存在が挙げられる。現今の農協改革の潮流をふまえれば、今後地域農業において主導的な役割を果たすと目される先進的農業経営体と、多くの農業者をまとめる要として地域農業の中核的機能を果たしてきたＪＡとの関係は、多様な視点から評価されるべきであろう。特に１９９０年代から継続的に農協が経験してきた事業・組織改革の文脈を考慮する必要性があろう。２０１５年には政府の規制改革会議等の議論を踏まえて、中央組織の機能再編を含む農協法改正案が可決され、地域農協が市場原理に適応し農業者の所得向上に直接的に資する体制作りが進められようとしている。その意味でも、先進的農業経営体が持続的に展開・発展するうえで、農協の果たす役割は今後ますます大きくなると考えられよう[18]。

農協が先進的農業経営体の事業展開において果たす、あるいは果たすべきと目される、役割を議論するにあたり、まず両者の関係性を理念的に整理してみよう。まず、農協と先進的農業経営体との「産地」や地域における関係は、一般的に良好というわけではない。むしろ、収益向上をめざし積極的に販売を展開したり、六次産業化を通じた高付加価値農産物の生産・販売をおこなう先進的農業経営体は、しばしば農協と「競合・敵対」関係に陥りやすいといえよう。また、売り上げの拡大やコスト削減による収益性確保を狙うこれら先進的農業経営体には、農産物の供給動向や市場価格に大きく影響されがちな農協による系統販売や、画一的な規格・品質・価格となりがちな農協からの生産資材の購入を避け、農協との関係を断つ、あるいは最低限にとどめる「無関係・無干渉」な立ち位置のものも存在しよう。他方で農協共販に資する集出荷施設等の物理的インフラ、あるいはブランド力や系統販売ルートといった有形無形の「産地」・地域資源は、先進的農業経営体が農協組合員であれば存分に、そうでなくてもフリーライダーのそしりを受けない範囲で「利用」できよう。

このような先進的農業経営体による正当な農協資源の利用は、農協の所有する施設の稼働率向上や販売における規模の経済の発揮につながるうえ、こうした経営体が高品質農産物を「産地」と関連付けて生産販売すれば、仮に農協系統販売でなくても産地ブランドの強化につながることから、農協に利益をもたらす「共存・共益」関係につながりうる。さらに理想的には、先進的農業経営体と農協がパートナーシップを構築し、それぞれの強みを生かした農産物のマーケティング・ブランドミックス(19)といった戦略を通じて、「産地」・地域の強みを飛躍的に強化しうる「協働・シナジー」関係を築く可能性も考えられる。

上記の理念的整理のうち、より生産的、建設的な関係性（共存・共益・協働・シナジー等）において想定される、先進的農業経営体が農協に期待しうる役割を、これまでの農協の機能をふまえて整理すると以下のようになろう（図2）。

- 「サポーター」、すなわち、バルクで恒常的に農産物販売を引受けたり、経営情報・資金を提供したりすることを通じて、小規模農家から先進的農業経営体を含む地域農業全体の下支えをする。
- 「エンヴィジョナー（Envisioner）・デザイナー」、すなわち、先進的農業経営体が共鳴できる地域農業の未来像（例：地域農業計画）を描き、それを体現する地域ブランド、直販システム、商品ラインアップ等のプラットフォームを構築する。

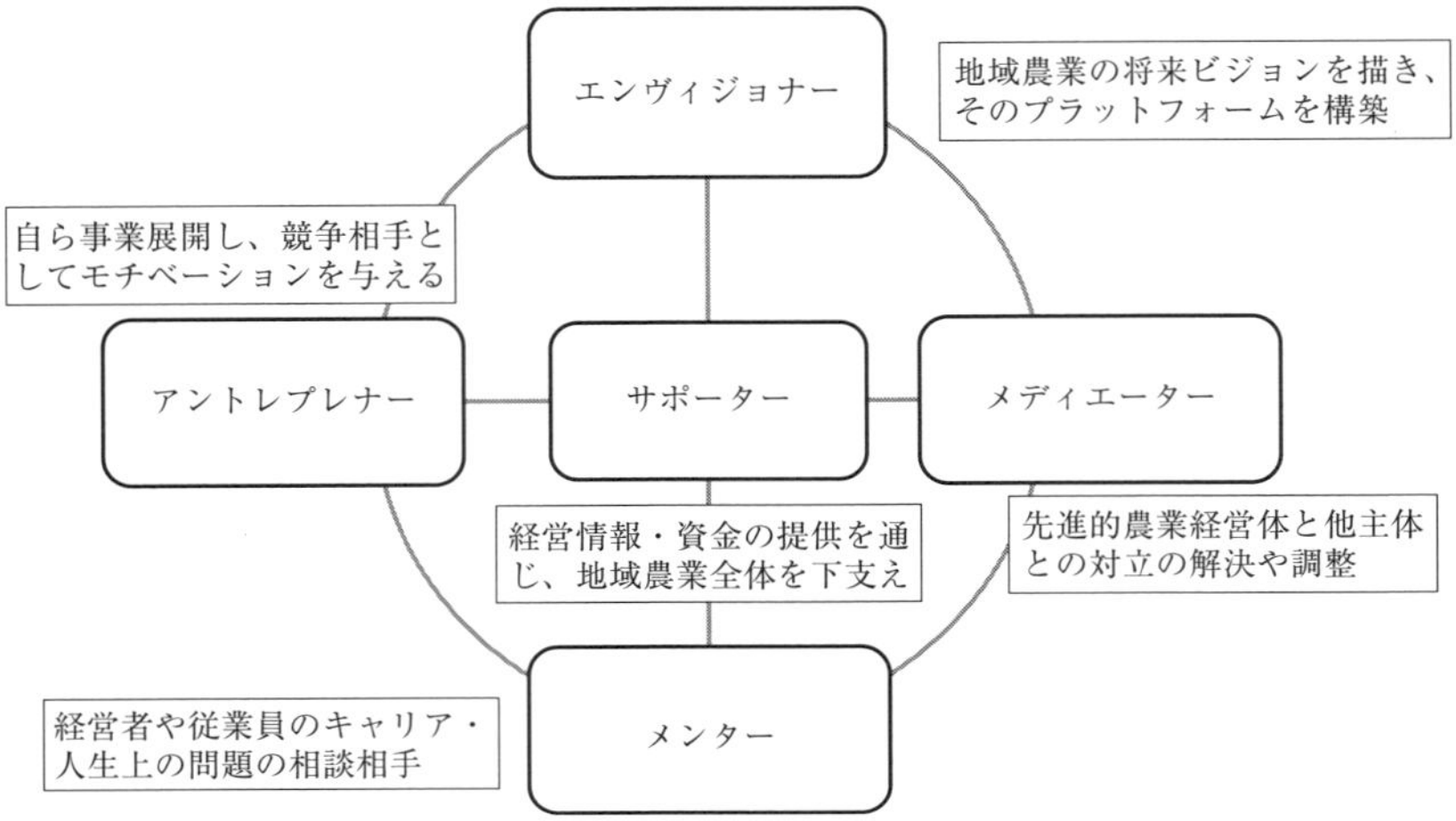

図２　先進的農業経営体が期待するJAの役割

●「メディエーター」、すなわち、時にさまざまな利害対立に陥りがちな先進的農業経営体と地域内外の他主体との紛争調停や、逆に利害の一致する主体とのマッチングをおこなう。

●「メンター」、すなわち、農業経営体のみならず経営者や従業員のキャリア、人生上の課題も含めたさまざまな問題に関する良き相談相手となる。

●「アントレプレナー」、すなわち、農協自らが事業展開し、競争相手として先進的農業経営体にモチベーションやインスピレーションを与える。

当然ながらこうした関係性は理想像であるが、先進的農業経営体をはじめ多様な利害を有する主体が存在するこれからの「産地」・地域農業の維持活性化という観点からは、不可欠なものであるといえよう。

第Ⅰ部

6 農業経営体を取り巻く新潮流

本章で考察した先進的農業経営体以外の新潮流として、近年におけるインバウンドの拡大に伴う茶葉生産・茶加工事業やブドウ生産・ワイン加工事業等への新規参入も散見される。これらの事業に参入するに当たっては、それぞれの事業代表者がもつ「夢」の実現という側面もあるが、参入する地域での理解に加え事業を安定軌道に乗せるまでの財務基盤の確保、技術力の涵養、協力人材の確保等がまず重要となり、その成否がその後の事業展開・継承の方向をも左右するといえる。

さらに、果樹作を中心とした事業における展開・継承に当たって考慮すべき新潮流として、収穫作業の季節アルバイター(20)が近年着目されてきている。特に、農家へのホームステイを前提に全国を南北に移動し、農作業のアルバイトを1年を通じて一定期間おこない自己資金を貯めつつ、人生のある時期を各地域の農家やさまざまなアルバイターの人たちと交流しエンジョイする若者が出現してきており、一つの大きな潮流となりつつある。将来、このような若者がアルバイターとして訪れたホームステイ先の果樹農家を継承する可能性もあり、今後の動向が注目される。

また近年、国が主導して設立され、IT技術を駆使する次世代型大規模施設が本年度（平成26年度）の新規採択分も含め全国9か所で展開されているのを筆頭に、完全閉鎖型の野菜工場も含め注目されてきている。ただし、これらの多くは国の補助事業を主体に大規模な投資によって設立されており、本当に持続可能で先進的農業経営体として認識できるかは、まさに生産された農産物が滞りなく販売されるかどうかにかかっている(21)。

最後に、本章では先進的な農業経営体に焦点を当てたが、それら経営体が持続的に展開・発展・継承するためには、それらの経営体が位置する「産地」や農村地域、集落において、農業を健全に担う家族農業経営体をはじめ、多様な関連主体が互いに連携しながら持続的に展開・継承され存在することが必須条件になると考えられる。「産地」や農村地域、集落において、少数の先進的農業経営体のみで農業生産を担いかつ持続的にこれらの経営体を展開・発展・継承することは極めて難しいといえよう。(22)

注

(1) 本章においては、先進的農業経営体に企業的農業経営体も含めて考察する。また、企業的農業経営体に関しては、文献［1］［2］が詳しい。

(2) 「農企業」については、文献［1］［2］が詳しい。

(3) 本章で提示する理念的事業類型に関しては、図1を含めて文献［3］［4］を参考に転載、加筆、修正している。

(4) この事業類型の代表例としては、以下の2経営が挙げられる。第一に、滋賀県の有限会社るシオールファームである。るシオールファームでは、水稲や野菜等の農業生産を基軸とした経営をおこなっている他に、生産した農産物を原料として、お菓子やドレッシング等の商品販売をおこなっている。自社の加工設備を有していないため、加工品製造は加工会社に委託をしているが、製品は自社のブランドとして販売している。第二に、石川県に位置する株式会社ぶどうの木では、農産物生産を事業のベースとしながらも、三次産業に比重を置いた事業展開を図っている。三次産業としてはアンテナショップでの商品販売をおこなっているほか、カフェやレストラン等の飲食部門、結婚式場等のサービス部門を手掛けている。加工事業については、海外を含む他産地から原料農産物を調達し、コンフィチュールやジュース、シロップ等を委託加工で製造している。

(5) 一般にＯＥＭ（Original Equipment Manufacturer）生産として外部委託する。

(6) この事業類型の代表例としては、以下の2経営が挙げられる。第一に、京都府に位置する農業生産法人こと京都株式会社である。こと京都はもともと単品目生産をしつつ自前の加工施設を併設し、カット野菜に特化した経営をおこなっていた。近年では、業務需要拡大への対応やドレッシングなど新商品の開発にともない、より安定した加工用の原料農産物の確保に向けて、地域の家族農業経営体とネットワークを構築している。生産計画の策定や栽培技術の向上に向けて生産者グループを設立し、さまざまな情報交換をグループ内でおこなっている。第二に、愛媛県に位置している連合組織無茶々園では、減農薬生産による柑橘類の栽培や海産物などの加工及び販売をおこなっている。無茶々園では直営農場の他に、自社の栽培方針に共感する生産者を組織し、農産物の集荷をおこなっている。集荷された農産物は青果物として販売するほか、組織内での加工品製造の原料としても利用される。その他にも、国内外で若手の新規就農者を育成しており、地域資源の活用に向けた取り組みをおこなっている。

(7) 例えば、カット野菜加工施設や冷凍野菜加工施設等。

(8) 地域におけるいくつかの農業経営の集合組織体も含む。

(9) この事業類型の代表例としては、以下の2経営が挙げられる。第一に、奈良県に位置する農業生産法人王隠堂農園である。王隠堂農園の主な作目は柿や梅、野菜であり、減農薬栽培による生産をおこなっている。地域の生産者をグループ化し、そこから集荷した農産物や直営農場で生産された農産物を、統一したブランドと販売網で販売している。青果物としての販売の他にも、組織内の加工事業部門へ原料農産物として提供している。近年、新たなカット野菜加工施設を建設し、施設周辺の生産者とも連携しながら加工用原料を調達し、業務需要への対応も図っている。第二に、金沢県に位置する株式会社六星では、大規模稲作を基軸としながら、農地の請負を中心に地域の農地の保全をおこなっている。稲作地帯であるため、六星の主要生産物は米であるが、地域の伝統野菜である加賀野菜も栽培している。ここで生産された水稲や野菜を原料として、社内の加工施設で餅や漬物等の加工品の製造もおこなっており、さらに県内2か所の直売店やネット直販を中心に販売するなど、生産から加工・販売を組織内で連結させながら事業展開をおこなっている。

(10) 具体的には西日本ファーマーズユニオン等。http://farmersunion.seesaa.net/article/147233636.html を参照。

(11) ケーキや菓子、その他キャラクター商品等の開発とそれらをアンテナショップやデパートで販売。

(12) この方向は、ある意味、果樹農業の「花壇」化、「植物園」化といえよう。

(13) カット野菜や冷凍野菜、ジュース・缶詰・瓶詰等。

(14) 具体的には、「らでぃっしゅぼーや」や「(株) 大地を守る会」等の新たな農産物集荷販売主体。

(15) 「生活クラブ」や「パルシステム」等。

(16) ここでいう「儲け」とは、営業利益等の厳密な意味で利益というよりは、そのような具体的利益が将来において大規模に実現する可能性や期待の漠然とした「源泉」を指す。

(17)「産地」については、文献［5］［6］が詳しい。
(18) ここでいう「農協の役割」を明らかにすることは、「農協研究」の今後の重要な課題となろう。
(19) 例えば、同じ農産物でも先進的農業経営体はハイエンド層を、農協系統はボリュームゾーン層を狙った商品ラインアップを「産地」として整える等。
(20) 例えば、愛媛県八幡浜市真穴地区の「真穴みかんの里雇用促進協議会」による「みかんアルバイター事業」は、20年以上の実績を有している。http://www.maff.go.jp/chushi/seisan/fruits/pdf/h26gaiyou.pdf を参照。
(21) 水耕栽培を基調とした施設園芸作経営における特徴（さまざまな一定作業が周年で必要になる等）に鑑みると、事業の持続性・継承性に関して、近年、ビジネスパートナーとして障がい者（さまざまな能力を有する）を積極的に雇用する「農福連携」事業が注目を集めており、今後の展開が待たれるところである。
(22) 先進的農業経営体の持続的展開・発展・継承にかかるこの条件は、残念ながら現時点ではまだ仮説の段階である。この仮説を実証することが「農業経営研究」の今後の重要な課題となろう。

参考文献

［1］小田滋晃・長命洋佑・川﨑訓昭・長谷 祐「次世代を担う農企業戦略論研究の課題と展望」、『生物資源経済研究』第18号、２０１３年
［2］小田滋晃・長命洋佑・川﨑訓昭編著『農業経営の未来戦略Ⅰ　動きはじめた「農企業」』昭和堂、２０１３年
［3］小田滋晃・長命洋佑・川﨑訓昭・長谷 祐「六次産業化を駆動する農企業戦略論研究の課題と展望――ガバナンスとコンフリクトを基調として」、『生物資源経済研究』第19号、２０１４年
［4］小田滋晃・長命洋佑・川﨑訓昭・坂本清彦編著『農業経営の未来戦略Ⅱ　躍動する「農企業」――ガバナンスの潮流』昭和堂、２０１４年
［5］小田滋晃・坂本清彦・川﨑訓昭・長谷 祐「わが国における果樹産地の変貌と産地再編――新たな「産地論」の構築に向けて」、『生物資源経済研究』第20号、２０１５年
［6］小田滋晃・坂本清彦・川﨑訓昭編著『農業経営の未来戦略Ⅲ　進化する「農企業」――産地のみらいを創る』昭和堂、２０１５年

第2章　飛躍を遂げる農業経営体の組織づくりと連携
――飛躍を支えるアントレプレナーシップ

川崎訓昭

1　飛躍を遂げる農業経営体の登場

本章では、農業経営体におけるアントレプレナーシップに着目し、経営発展の視点から分析することとする。一般に、アントレプレナーシップは「企業家精神」もしくは「起業家精神」と訳されるが、本章では両者を包含する概念として「アントレプレナーシップ」を用いる。アントレプレナーと目される人材によって、企業という組織の運営やその効率化だけでなく、新しい事業の創造や革新（イノベーション）がおこなわれる。本章では図1に示すように、経営体として既に確立した農業経営体が企業的な経営体への飛躍・発展に向かう境界域で見られるアントレプレナーシップを明らかにする。経営内に確立された安定した生産技術・販売経路を経営基盤としながら、経営を「飛躍させる機会」を的確に捉え、その機会を利用し既存の安定した経営基盤の中に組み入れ企業的な農業経営へと発展していく動態を「アントレプレナーシップ」と捉える。

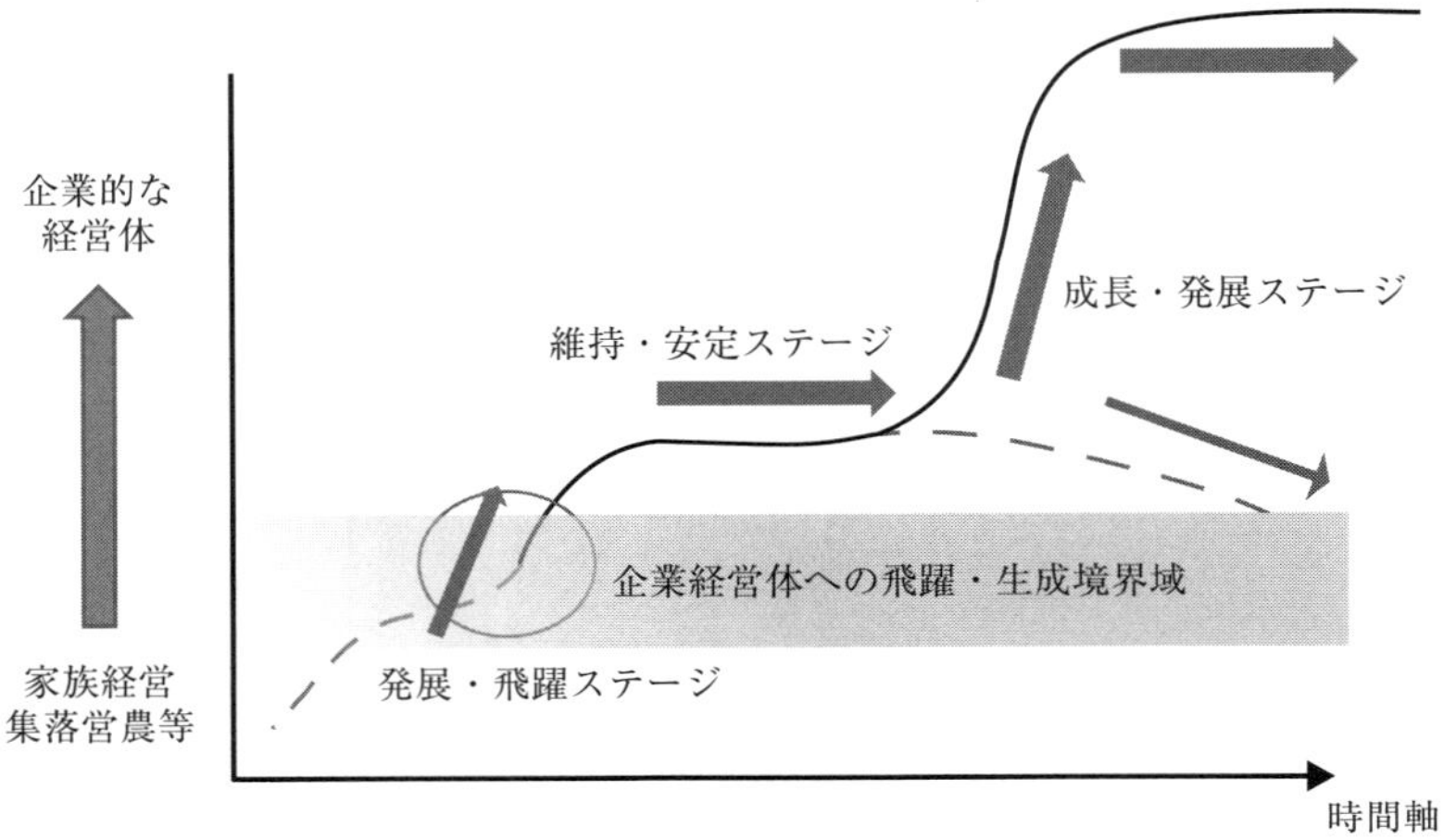

図１　本章で対象とする農業経営体の発展段階
資料：筆者作成。

本章において、分析する対象は、近畿地域にある２つの農業経営体の展開過程である。今日、日本各地で急速な飛躍を遂げる農業経営体が出現してきており、これら経営体では農業を経営の主軸としながら、集出荷業、運送・輸送業、農産物加工業、通信販売業、コンサルティング業に取り組む事例が多く見られる。今日見られる急速な飛躍を遂げる動態は、経営者能力のみに属するのではなく、農業経営体全体が有する能力や外部環境も考慮して捉えるべき動態であると考える。

そこで、事例経営体の概要説明を含む研究手法を説明したうえで、２つの経営の発展過程に関する具体的なエピソードを追いながら、これら経営体がどのように機会・商機を捉え事業化し、企業的な経営体へと発展したのかを描出することとする。

2 農業分野におけるアントレプレナーシップ

アントレプレナーシップを検討するにあたり、本章では経営者の有する特異な能力や個性のみで、企業的な農業経営体へと発展していくものではないという認識を前提とする。これまで、農業経営体が発展する要素として、栽培面積の拡大などによる規模拡大論、販売方法の変更などの農産物流通論、他と異なる良品質の栽培などの農業技術論の枠組み[(1)]のなかで、多くの研究が展開されてきた。その中では、個々の経営者の能力や個性が少なからず重要な要素ではあると指摘されてきた。本章では、それだけの要素では企業的な農業経営体へ発展していく動態を示したアントレプレナーシップの必要十分条件とはなりえず、役員・社員も含めた経営体の総体を「組織としてのアントレプレナー」という概念で捉えるとともに、飛躍する機会を捉え利用するための支援制度・歴史・文化なども重要な役割を果たしていると考える。

また、日本の農業経営体を対象とした場合、農業を取り巻く人材・コンサルタント・金融市場が未成熟であるため、外部主体との連携をいかに図るのか、いかに発見するのかは重要な意味合いをもつ。以上のことから、本章では、図2に示すように企業的な農業経営の外形的な特徴を達成するための経営者能力の追求、組織能力の追求、経営体を取り巻く制度や文化環境に加え、これらを可能にする外部主体との連携や関係性づくりが、農業におけるアントレプレナーシップを可能とする要因であるとして分析をおこなう。

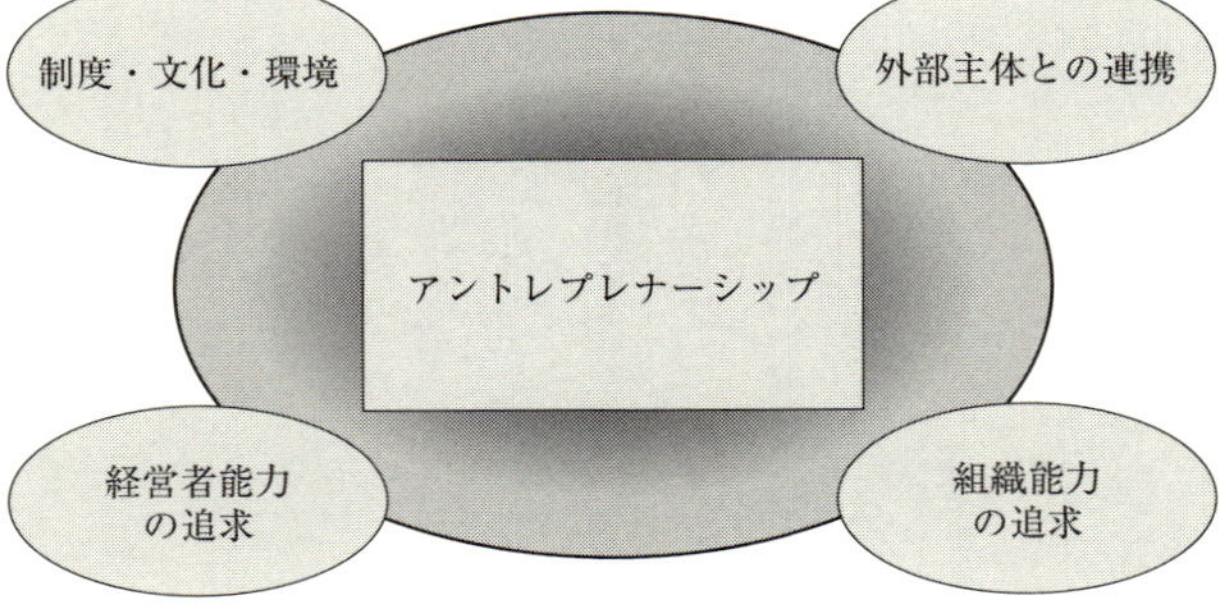

図２　アントレプレナーに関する分析枠組み

資料：筆者作成。

3　発展段階における具体的な動態

４つの分析視角のもとで、２つの農業経営体による経営発展の動態を事例とし、アントレプレナーたる経営者らが「どのように」飛躍の機会を見出し、事業化に必要な組織づくりや外部主体との連携をおこない、実際の事業として構築したのかを明らかにする。またその際、各経営体を取り巻く制度や文化・環境についても考慮することとする。

(1) こと京都株式会社（京都府京都市）

経営の概要

代表取締役である山田敏之氏は、１９９５年にそれまで勤務していたアパレル会社を退職し、実家の農業を継ぐ形で就農した。就農当時の経営内容は九条ネギの単作経営であったが、売上高１億円を目標として栽培体系の見直しや作業の効率化を推進した。敏之氏が就農して２年目には、九条ネギ単作による周年栽培(2)の確立に目途がついたが、九条ネギ単作による売上高の拡大には卸売市場への出荷だけでは限界があることを痛感するようになった。そこで、２０００年から余剰品やスソ物の商品化と飲食店や食品会社への直接販売を目指して、カットねぎ加工の取り組みを開始した。このカットねぎは京野菜ブランドへの消費者からの根強い支持とともに、関東圏のラーメン店を中心に代表自らが訪問販売を重ねたことにより、徐々に販売先を拡大していった。

その後、カット加工の効率化のために工場を竣工させるとともに、ネギ生産に必要な鶏糞を製造するために２００４年に養鶏場を開設した。しかし、同年に京都府で発生した鳥インフルエンザ問題の影響により移動制限がかかり赤字決算となったこともあり、部門の拡大よりもネギの加工を中心に据えた事業運営へと立て直しを図るために、地域の24軒の農業者と２００９年に「ことねぎ会」を組織した。この会の構成員は京都市内の農業生産者だけではなく、近隣の自治体の農業生産者も多く含まれている。そのため、定植や収穫の時期を分散させることができ、収穫量の変動リスクに対応することが可能となっている。また、散布する肥料や農薬の統一化や作業手順の標準化を進めたことも変動要因への対策となっている。

このように、地域の生産者と緊密な信頼関係を構築するために「ことねぎ会」を組織し、カットねぎ加工を核に据えた事業運営を確立したことが、こと京都株式会社の飛躍の原動力となっている。また、売上高が順調に伸長し、次なる目標として売上高10億円を目指すために、新工場の設立とカットねぎ以外のネギ醤油やネギ油などの加工品の取り組みを始めている。

飛躍を支えるアントレプレナーシップ

以上の事例から抽出される飛躍を支えるアントレプレナーシップは表1のように表される。経営発展に伴うアントレプレナーシップの第一の要素である敏之氏の優れた経営者能力としては、以下の5点が指摘できる。第一に「農産加工品への早期取り組みとその加工品生産への研究開発」、第二に「野菜カット工場の設立と新

表1　事例1から抽出される「アントレプレナーシップ」の特徴

経営者能力の追求	組織としての能力	制度や文化・環境	外部主体との連携
農産加工品への早期取り組みとその加工品生産への研究開発	生産部、加工部、営業部の各部長の育成	京野菜ブランドに対する消費者からの根強い支持と農協・行政の支援体制	地域内農業者間でのグループの形成
野菜カット工場の設立と新規農家との契約	伝統品目の尊重と徹底した生産管理	六次産業化に関する数々の賞の受賞	他地域の農業者とのネットワークの形成
親世代から受け継いだ経営基盤のさらなる発展	自社農場と契約農家における次世代を担う農業後継者の育成	地域の農業生産を担い、農業資源を次世代へと引き継ぐ	類似する経営観をもつ農業経営との連携
地域の農業資源を生かした生産体制	圃場とともに自社工場もJGAPを取得		
市場出荷から直売へのシフト	生産技術・ノウハウの組織内での継承・伝達		
	さまざまなアイデアを形にする従業員の雇用・育成		

資料：事例経営体への聞き取り調査より筆者作成。

規農家との契約」、第三に「親世代から受け継いだ経営基盤のさらなる発展」、第四に「地域の農業資源を生かした生産体制」、第五に「市場出荷から直売へのシフト」である。特に、親世代から引き継いだ経営基盤のさらなる発展をめざし、農産加工品への早期取り組みと新たな加工品の研究開発を進めたことが、新たな商機を見出し、現在の経営を構築するに至る飛躍の場となったといえる。

次に、第二の要素である組織能力として取り組んできたこととして、以下の6点が指摘できる。第一に「生産部、加工部、営業部の各部長の育成」、第二に「伝統品目の尊重と徹底した生産管理」、第三に「自社農場と契約農家における次世代を担う農業後継者の育成」、第四に「圃場とともに自社工場もＪＧＡＰを取得」、第五に、「生産技術・ノウハウの組織内での継承・伝達」、第六に「さまざまなアイデアを形にする従業員の雇用・育成」である。特に、経営の発展をともに歩んできた社員を自社の各部門の責任者に据え、さまざまなアイデアをともに形にしていく組織づくりをおとなってきたことが、飛躍を支える背景となっている。

第三の要素である経営体を取り巻く制度や文化環境については、以下の3点が指摘できる。第一に「京野菜ブランドに対する消費者からの根強い支持と農協・行政の支援体制」、第二に「六次産業化に関する数々の賞の受賞（2013年農業・食料産業イノベーション大賞、2014年京都創造者大賞など）」、第三に「地域の農業生産を担い、農業資源を次世代へと引き継ぐ」である。敏之氏自身の経営者能力とそれを支援・サポートする役員・社員の組織としてのアントレプレナーが本事例での重要な飛躍の要素であることは疑いの余地がないが、本事例を取り巻く伝統や文化などの環境や農業政策などの種々の制度の影響についても言及しておく必要がある。特に、京野菜ブランドへの消費者からの根強い支持があることが、九条ネギを生産・販売する本事例の経営基盤構築の一助となっているのに加え、ブランド価値の向上と維持に取り組む行政や農協の役割も看過することはできない。

最後に、第四の要素である外部主体との連携については、以下の3点が指摘できる。第一に「地域内農業者間でのグループの形成」、第二に「他地域の農業者とのネットワークの形成」、第三に「類似する経営観をもつ農業経営との連携」である。本事例でも、カットねぎに取り組み始め共販体制から直販体制に移行し始めた際には、地域から「妬み」や「やっかみ」を受けることもあった。しかし、自経営の経営発展に伴い、地域の農業者との契約や買い取りを進めるなかで、生産計画の厳格化や共通の生産管理工程の導入により信頼関係を深め、今日の「ことねぎ会」を組織するに至っている。

（2）阪急泉南グリーンファーム（大阪府泉南市）

経営の概要

阪急泉南グリーンファームは、阪急百貨店でＪＡＳ有機認証農産物を販売する農業ベンチャーを立ち上げる計画により、２００３年9月にグループ会社として設立され、２００４年より生産をおこなっている。立ち上げに際して能勢町などの阪急沿線の地域に参入を試みたが、他業種からの農業参入ということから地元農家の理解を得るのが難しかったため、大阪府が所有していた現在の泉南拠点で営農を開始するという経緯があった。現在の経営面積は、大阪府泉南農場が２ヘクタール、奈良県宇陀農場が３ヘクタールである。宇陀農場は標高５００メートルにあるため、近場での産地リレー形式が可能となっている。

設立後は本社から資金援助を受けつつ、阪急百貨店食品販売部から出向した現代表取締役の大島一夫氏を中心とした3名で営農を開始した。この最初のメンバーのうち現在も残っているのは大島氏のみであるが、営農開始1年後にアルバイトとして入社した島田氏（現流通事業部長）は、２０１５年現在も取締役として経営を支えている（島田氏については補章も参照）。

設立当初は、生産した作物の全量を阪急グループに販売していたが、設立2～3年後には他所にも販売をおこなうようになった。現在の売上高は7億5千万円に上るが、そのうちの半分が阪急グループへの販売となっている。その他の販売についても契約販売が中心となっており、主な販売先はコンビニ、商社、外食店などである。現在の主な生産物は、ベビーリーフ、ミズナ、サラノバレタスなどであり、契約量については半年先まで決定している。

生産部門に加えて経営の柱となっている野菜の集荷・出荷事業では、選別や包装をおこなう集出荷場の運営をおこない、連携農家の負担軽減に寄与している。この集荷場は、コンテナに冷房機を設置し冷蔵庫として機

写真1　試行錯誤の中で確立した生産体系（事例2）

能できるようにすることで、自社だけでなく連携農家の農産物も選別・貯蔵をおこなっている。この直営拠点が大阪府泉南市、大阪府貝塚市、奈良県宇陀市の3か所に存在する。いずれの拠点も大都市近郊に位置しているが、これは軟弱野菜を中心に生産をおこなっていることから鮮度が重要となるため、近郊にこだわった拠点づくりを進めた結果である。また、滋賀県守山市、京都府与謝野町、熊本県熊本市の3か所に委託拠点も有し、産地リレーが可能な連携体制を構築している。このような集荷場を立ち上げることで、物流の際に発生するロスを低減することが可能となった。

2015年現在、50名が従業員として働いており、そのうちの内訳は社員10名、アルバイト40名となっている。社員はすべてアルバイトから昇格した者であり、採用段階ではすべてアルバイトからスタートする。ここでの採用活動は、本社とは独立しておこなっている。社員に昇格後も細かく階級が定められており、階級によって基本給が変動している。

このように阪急泉南グリーンファームでは親元企業からの資金提供のもとで、試行錯誤の中で栽培技術の高度安定化を達成させ、次第に販路を拡大していった（写真1）。販路を拡大さ

表2　事例2から抽出される「アントレプレナーシップ」の特徴

経営者能力の追求	組織としての能力	制度や文化・環境	外部主体との連携
生産する農産物の品質・味に対する強いこだわり	役員や社員の雇用・育成と就農支援	有機農産物を求める一定の顧客数の存在	生産する農産物の強みを引き出してくれる主体との連携
親元企業から支援を受けた経営基盤のさらなる発展	生産技術のマニュアル化と生産ノウハウの組織内での継承・伝達	企業の農業参入をめぐる各種規制緩和	類似する経営観をもつ農業経営体との連携
地域の農業資源を生かした生産体制		これまでのキャリアを活かした能力や技術の発揮	北海道から四国にわたる広域農業者ネットワークの形成
グループ会社中心の出荷から自社での販路拡大			

資料：事例経営体への聞き取り調査より筆者作成。

せていく中で、葉物野菜の周年供給（特に夏場）の必要性を強く感じ、高冷地の農業者との連携関係を深め、周年供給体制の確立と生産・出荷基準の共通化により、飛躍的に販売金額を拡大させていった（2009年度約1億円、2010年度約2億円、2011年度約3.5億円、2012年度約5億円）。

飛躍を支えるアントレプレナーシップ

以上の事例から抽出される飛躍を支えるアントレプレナーシップは表2のように表される。経営発展に伴うアントレプレナーシップの第一の要素である大島氏の優れた経営者能力としては、以下の4点が指摘できる。第一に「生産する農産物の品質・味に対する強いこだわり」、第二に「親元企業から支援を受けた経営基盤のさらなる発展」、第三に「地域の農業資源資源を生かした生産体制」、第四に「グループ会社中心の出荷から自社での販路拡大」である。特に、親元企業から支援を受けて初期投資をおこなった経営基盤のさらなる発展をめざし、栽培技術の高位標準化と夏場の葉物野菜を確保するための近郊での産地リレー体制の構築を進めたことが、新たな商機を見出し、現在の経営を構築するに至る飛躍の場となったといえる。

次に、第二の要素である組織能力として取り組んできたこととして、以下の2点が指摘できる。第一に「役員や社員の雇用・育成と就農支援」、第二に「生産技術のマニュアル化と生産ノウハウの組織内での継承・伝達」である。経営の発展をともに苦労しながら歩んできた社員を自社内での各組織の取締役に据えた組織運営をしていること、有機栽培の栽培技術を向上させるために社内勉強会で説明を繰り返し、技術やノウハウの確実な継承体制を構築したことが、飛躍を支える背景となっている。

第三の要素である経営体を取り巻く制度や文化環境については、以下の3点が指摘できる。第一に「有機農産物を求める一定の顧客数の存在」、第二に「企業の農業参入をめぐる各種規制緩和」、第三に「これまでのキャリアを生かした能力や技術の発揮」である。大島氏自身の農業経営者としての経営者能力とそれを支援・サポートする役員・社員の組織としてのアントレプレナーが本事例でも重要な飛躍の要素であることは疑いの余地がない。しかし、本事例の場合、企業の農業参入に関わる各種規制緩和や農業政策の変化による影響についても留意しておく必要がある。特に、百貨店の営業職としてのキャリアを積んだ大島氏がもつ経営者能力と農業の特質をふまえた農業者精神が両立されていることが本事例の飛躍の源泉となっていると考えられる。

最後に、第四の要素である外部主体との連携については、以下の3点が指摘できる。第一に「生産する農産物の強みを引き出してくれる主体との連携」、第二に「類似する経営観をもつ農業経営体との連携」、第三に「沖縄県を除く日本全域にわたる広域農業者ネットワークの形成」である。本事例でも、企業参入事例であることに加え有機栽培を基本としていたことから、地域の農業者から妬みを受けたり、経営方針に対する批判を受けたりすることも多々あった。収穫量が安定しない有機栽培の栽培方法に関して、多くのアンテナを張り巡らし改善に関する情報を仕入れることで、収穫量を安定させ役員・社員に自信をもたせることを第一の目標とした。そうすることで、役員・社員自らが進んで新たな栽培技術に関する情報を仕入れたり、他の有機栽培経営体との連携関係を深めたりすることとなった。

4　経営発展の契機としてのアントレプレナーシップ

前節で事例として取り上げた2事例以外にも今日販売金額を拡大させている経営体の多くは、集荷・出荷業、農産物加工業、農産物運送・輸送業、農産物の通信販売業に取り組むことを契機として飛躍を遂げ、経営発展してきている。これら経営体は、自社製品が売れる(3)ということを前提として、販売量の拡大に伴い自経営の農産物だけでは販売量を確保できず、地域の農業者との契約、地域の農業者との連携・買い取り等(4)により販売量を拡大させ、販売金額を増大させていく。このような販売金額の増大を経営の財務基盤の安定化につなげることで、自社農場の容易な拡大と加工事業の展開が可能となっている。

このような経営の飛躍を可能とする契機は、立地・自然条件、アントレプレナーのライフヒストリー、経営の展開過程により異なることは容易に想像できるが、事例分析から抽出される共通点として、農業の特質を鑑みると以下の点が指摘できる。第一に、アントレプレナーとしての資質と農業者精神の両立である。両事例とも農業以外の事業を伴い経営発展を遂げているが、現段階においても農業を経営の基盤としており、農業生産をおこなっているという事実が地域や消費者からの信頼につながっている面も少なくない。

第二に、飛躍となる商機の把握と利用を的確におこなっている点である。商機には必然の機会と偶然の機会の2つがあるが、一定のリスク(5)を負いながらたまたま起こる偶然の機会を飛躍するための機会へと転換していくには、組織としてのアントレプレナーシップと人材育成が必要となると考えられる。

第三に、資金調達や生産基盤の拡大に向けた経営を取り巻く制度や文化・環境の重要性である。両事例とも、政府やJAがおこなう政策や制度を有効に活用し、飛躍的な経営発展を支える資金と人材を効果的に調達している。また、アントレプレナーの存在が、次なるアントレプレナーを生み出すという環境が両事例において整いつつある。

最後に、上記3点の要素がより効果的に発揮されるために、自経営の強みや利点を引き出すような外部主体との連携がおこなわれている点である。特に、共通の経営理念や問題を抱える主体間でネットワークを構築し、互いのブランド力を高めている点が指摘できる。

5 飛躍的な発展のために

本章では、農業農村分野におけるアントレプレナーシップを分析するために、経営者個々の能力や資質のみではなく、アントレプレナーたる「人」が影響を与えた環境・条件、「人」に影響を与えた環境・条件とそれらの関係性を重要な視点として、農業経営体という組織が有するアントレプレナーシップについて、事例分析をおこなった。その結果、優れた経営者能力以外にも、経営者の能力やアイデアを引き出す組織能力、自経営を取り巻く制度や文化・環境の効果的な利用、自経営の強みを引き出す外部主体との連携の4要素が組み合わさり、農業経営体が飛躍的な発展を遂げていることが分析された。

［付記］本章は、川﨑訓昭「農業経営の発展とアントレプレナーシップ」『農業経営研究』第54巻第1号（13～24頁）に大幅な修正をおこない、本書のために再構成したものである。

注

（1）その他にも、農業経営の経営発展にともなう農業経営と地域の農業資源の保全との関係、農業経営と地域社会との関係、等についてももちろん研究が展開されている。

（2）本事例のように単一作目で周年化が可能となる場合もあるが、野菜作の多くの事例では複数の作目を組み合わせて周年化を図る事例が多くみられる。また、農業の技術的な特質である「旬」をもつ典型としての果樹作経営では、一般的に周年化は困難であるが、収穫期間を長期化するために複数の品目を組み合わせたり、新たな栽培方法に取り組んだり、自然条件の異なる地域の経営とネットワークを組み周年供給をおこなうなどの事例が見られる。

（3）このような経営体の事例の場合、特に病院や学校や高齢者施設を出荷対象とした安定した販路を確保している事例が多い。

（4）全国的なブランドをもつ産地の場合には、地方市場から農産物を仕入れて、販売する（加工の有無を問わない）事例も、特に果樹作経営を中心として見られる。

（5）集荷・出荷業や農産物加工業に取り組む経営体の場合、資金繰りの突然の悪化や、自然的・経済的・人為的な突然の事態への直面など、これまでの経営展開では想定されなかったリスクに対応する必要がある。

参考文献

［1］Alfred Chandler (1962) “Strategy and Structure” *The MIT Press.*

［2］Alsos, G. A. and S. Carter (2006) “Multiple Business Ownership in The Norwegian Farm Sector: Resource Transfer and Performance Consequences.” *Journal of Rural Studies*, 22(3), pp. 313-322.

［3］Akgun A.A., P. Nijkamp, T. Baycan (2010) “Embeddedness of entrepreneurs in rural areas a comparative rough set data analysis” *Tijdschrift Voor Economische en Sociale Geografie*, 101(5) pp. 538-553.

［4］Camarero L., F. Cruz, M. Gonzalez (2009) “La población rural de España” *Fundación la Caixa*, Barcelona.

［5］Joseph Schumpeter (1934) “Theory of economic development: an inquiry into profits, capital, credit, interest and business cycle” *Havard University Press*, Cambridge, MA. 塩野谷祐一ほか訳（１９７７）『経済発展の理論――企業者利潤・資本・

信用・利子および景気の回転に関する一研究』岩波文庫
［6］OECD (2015) Entrepreneurship at a Glance 2015, OECD Publishing, Paris, pp.101-111.
［7］鈴村源太郎（2008）『現代農業経営者の経営者能力――わが国の認定農業者を対象として』農林水産政策研究所、3～17頁
［8］高橋正郎（2014）『日本農業における企業者活動――東畑・金沢理論をふまえた農業経営学の展開』農林統計協会、237～256頁

第Ⅱ部

「攻めの農業」の推進力

第3章　無施肥無農薬栽培の生産実態と課題
――NPO無施肥無農薬栽培調査研究会を事例に

上西良廣
小林正幸

1　「攻めの農業」としての無施肥無農薬栽培とその課題

近年、日本国内において、農薬や化学肥料の使用を抑えた環境保全型農法や有機農法などによって栽培され、食の安全や環境保全に資する農産物が注目を集めている。このような農産物では、環境・生態系保全に資することに加え、ブランド化されて付加価値がつく場合も多く、慣行農法による農産物と比較して高価格で販売できるというメリットを生産者は享受できる。しかし、これらメリットの一方で、環境保全型農法や有機農法では、農薬使用量の低減による雑草の増加やそれにともなう作業量の増加のために、単収が減少する、労働時間が増加するといったデメリットもある。時に環境保全型農法への転換は不確実性とリスクをともなうものであり、生産者としては必ずしも容易に受け入れられるわけではない。そのため、特定の農法の普及主体にとっては、どうすれば普及を促進できるか、あるいは普及促進のうえで何が課題となっているのか、を認識することは非常に重要な意味をもつ。

以上の問題意識をふまえ、本章では、環境保全型農法のなかでも生産者にとっての不確実性やリスクが非常に大きいと考えられる無施肥無農薬栽培、特にNPO無施肥無農薬栽培調査研究会が普及を図っている事例を扱う。本書の趣旨に照らしていえば、高度な抑草、除草技術が要求されるこの栽培技術の導入を決定することは、経営上の大きな変革をともなう「攻め」であると考えられる。第2節で詳しく述べるが、無施肥無農薬栽培は農薬と有機肥料も含む肥料を全く使用しないため、雑草被害を受けやすく、単収や労働時間に関する不確実性やリスクが非常に大きいという特徴がある。そのため、一般的な環境保全型農法と比較しても、普及主体はその普及を図るうえでより大きな困難に直面すると考えられる。以上をふまえ、無施肥無農薬栽培米の生産と流通・販売の実態を含め、普及を促進するうえでの諸課題を明らかにすることで、同栽培方法あるいは類似の農法の普及拡大の可能性を検討することを課題とする。

2　NPO無施肥無農薬栽培調査研究会の概要[1]

NPO無施肥無農薬栽培調査研究会（以下、無肥研）は、無施肥無農薬栽培（以下、無施肥栽培）を実施している水田作について1951年から、畑作については1972年から調査研究を実施している。無肥研は無施肥栽培を、「化学肥料・農薬はもとより、有機質も人為的には施さず、自然界の天然供給物と灌水のみによる栽培を、厳密に、かつ継続的に行う栽培法[2]」と定義しているが、具体的な作業内容を定めているわけではない。

しかしながら無施肥栽培に取り組むためには、無施肥栽培に転換する予定の圃場を無肥研に申請し登録する必

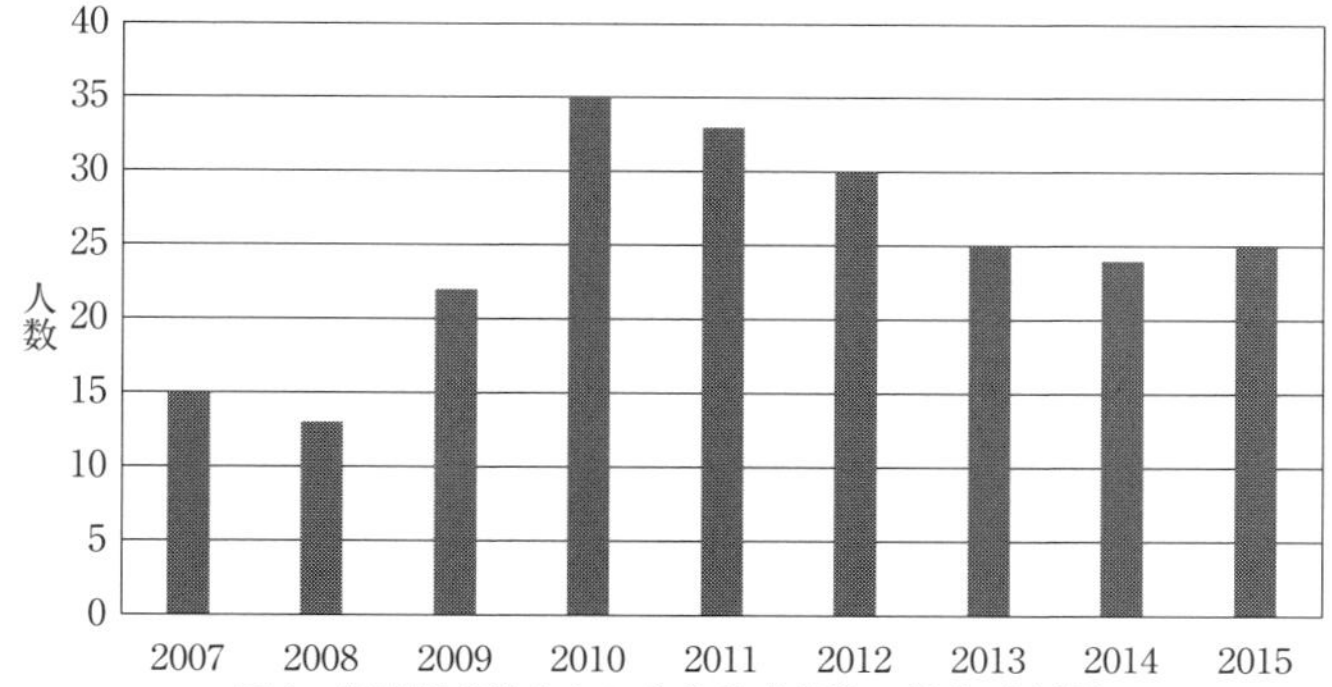

図１　無施肥栽培をおこなう生産者数の推移（水稲）
出所：無肥研の資料より作成。

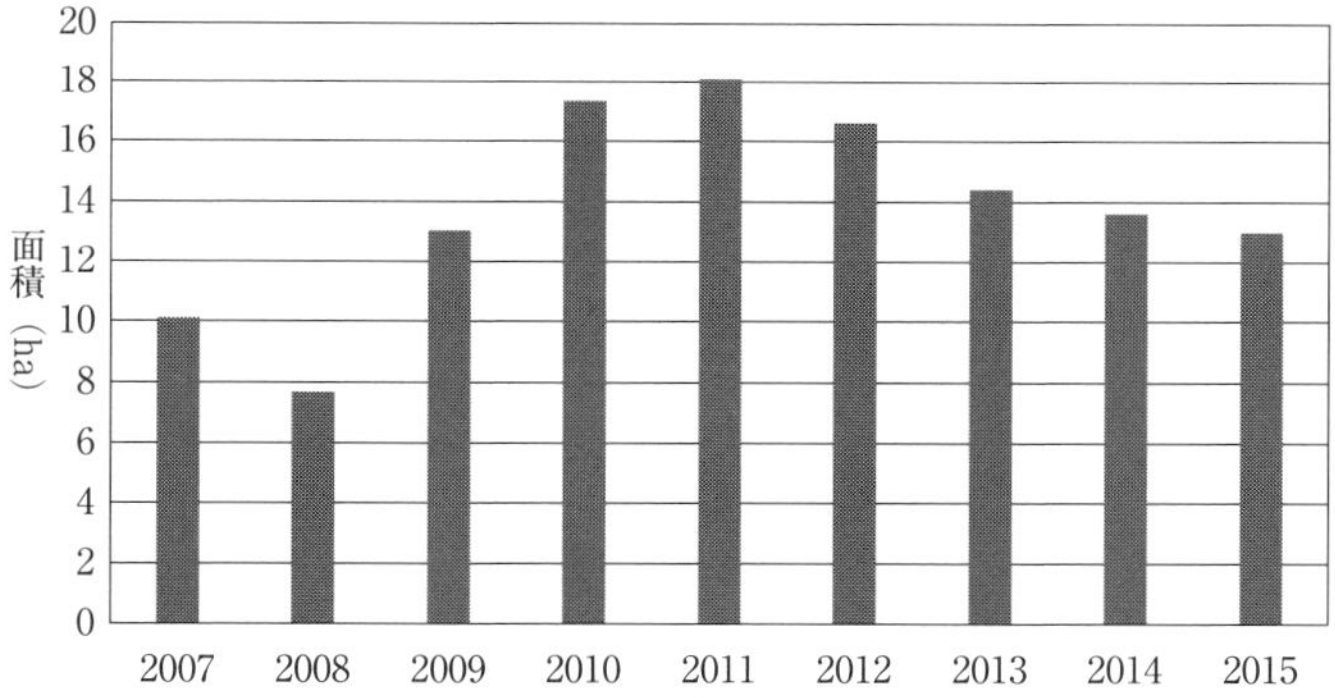

図２　無施肥栽培の合計面積の推移（水稲）
出所：無肥研の資料より作成。

要がある。圃場の登録料は１０００円／10《アール》であり、３《ヘクタール》以上であればそれ以上登録料を支払う必要はない（上限は3万円）。無施肥栽培による農産物は、無肥研が紹介する販売先に販売することも、独自に販売することも可能である。

現在は無施肥栽培に関して積極的に普及活動をおこなっておらず、近年では生産者数の減少にともない、生産面積は減少傾向である。無施肥栽培をおこなう生産者数の推移、無施肥栽培の合計面積の推移を表した図１と図２のとおり、２０１５年度は水田については25名が合計13《ヘクタール》の面積で取り組んでいる。一方で、畑作（果樹園、茶園も含む）には36名が合計12ha《ヘクタール》の規模で取り組んでいる。ただし、水稲作と畑作の両方で取り組んでいる生産者を重複してカウントしている。積極的な普及活動はしていないが、無肥研のウェブサイトを閲覧した人や、既に取り組んでいる生産者の紹介による問い合わせがあるという。

3　無施肥米の実態と生産拡大に向けた課題

新技術や新農法の普及に関する研究はある程度蓄積されているが、梅本・高橋（1998）が指摘するようにとりわけ経営者の意思決定過程の解明という観点からの分析が必要であると考えられる。梅本らはその理由として、①農業の担い手が多様化しているため、新技術が広範囲に普及することを前提とするのは困難である、②従来の研究では新技術の将来の普及可能性について十分検討されていない、③新技術の導入は瞬時におこなわれるものではなく、採用に至るまでには一定の時間を要する、という3点を挙げている。

そのため本章では、無施肥栽培の生産実態として収益性、無施肥栽培に関する今後の意向に加え、無施肥栽培の採用に至るまでの意思決定過程に焦点をあて、生産拡大に向けた課題を明らかにする。具体的事例として、滋賀県で実際に無施肥栽培に取り組む生産者を対象として調査を実施し分析する。無肥研が推進する無施肥栽培を導入している生産者は日本各地にいるが、特に水稲の無施肥栽培を導入している生産者は滋賀県に集中しているためである。分析にあたり無施肥栽培を導入している生産者4名と、[3]無施肥栽培による米を集荷・販売している卸売業者A（本社、滋賀県）、小売業者Bを対象とした聞き取り調査と関連資料の収集を実施した。

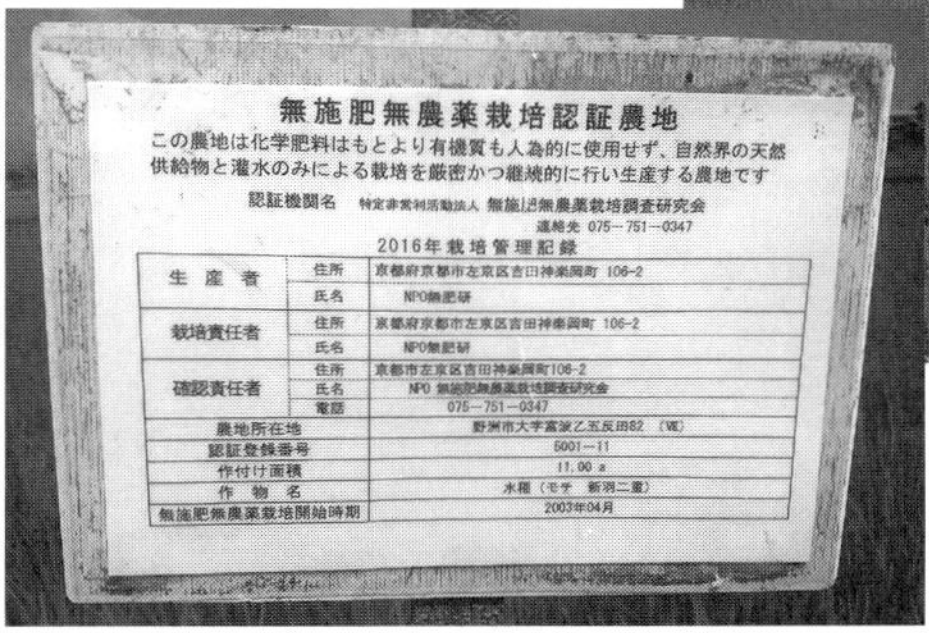

写真1　無施肥栽培の水田（滋賀県野洲市）と、無施肥栽培の水田に立てる看板

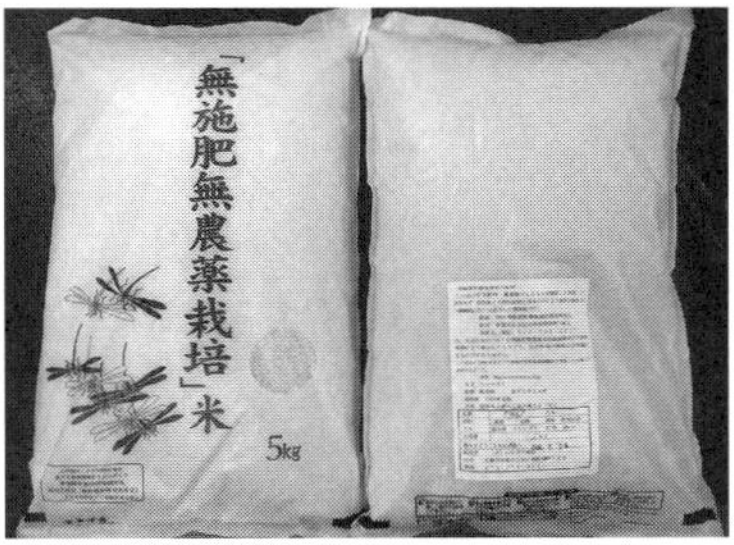

写真2　無施肥米のパッケージ

写真3　無施肥栽培の水田

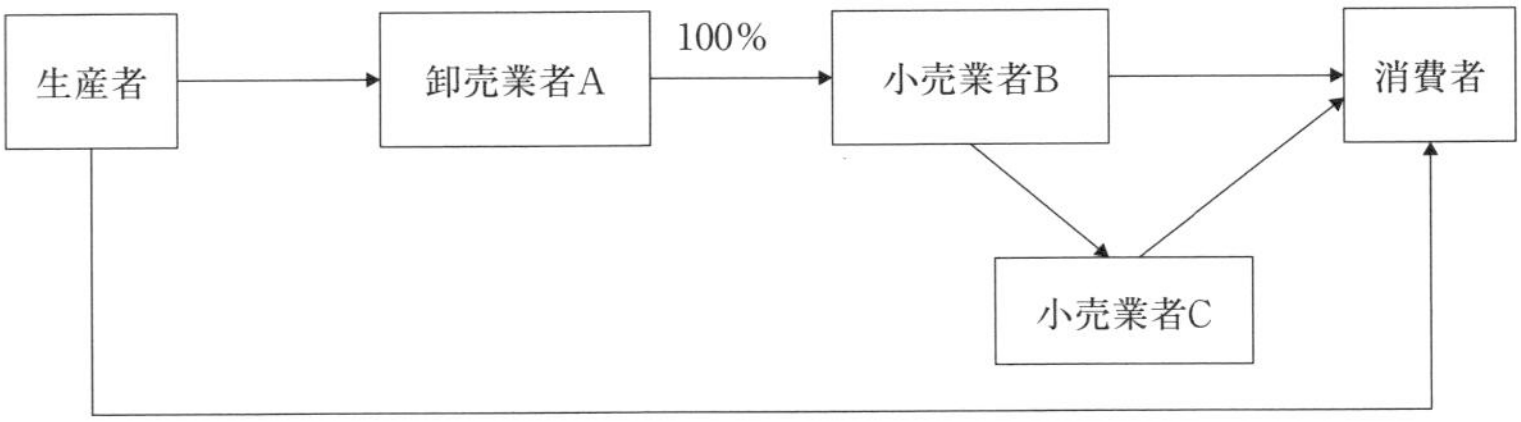

図３　滋賀県における無施肥米の流通経路

出所：筆者作成。

（１）流通の実態

滋賀県で生産された無施肥無農薬栽培米（以下、無施肥米）の流通経路は図３のようになっている。滋賀県産の無施肥米の特徴は、卸売業者Ａが流通に関係しているという点である。そのため、無施肥米の売り先としては卸売業者Ａまたは生産者が消費者に直接販売するという選択肢が存在する。一方で、滋賀県以外の無施肥米生産者は、図中の小売業者Ｂまたは消費者に直接販売している。小売業者Ｂは一部を小売業者Ｃに販売しているが、大半はネットショッピングを通じて消費者に直接販売している。

卸売業者Ａは酒米を中心に扱っており、２０１５年度の取扱数量は酒米とうち米を合わせると約３万５０００俵（２１００トン）である。そのうち無施肥米の取扱数量は約１００俵（６０００キログラム）で、全体に占める割合は約0.3％であった。卸売業者Ａが集荷した無施肥米は、全量を小売業者Ｂに販売している。卸売業者Ａによる生産者からの買取価格は、後述の生産者Ｓ氏の手による無施肥米を扱い始めた１９９８年から２０１５年まで約３万円／60キログラムを維持していた。買取価格は生産者の無施肥米生産年数に応じて高くなるように設定している。これは栽培年数の経過にともない、それまで実施していた慣行栽培の影響が少なくなり、付加価値も大きくなるという考えからである。

ところで近年、小売業者Ｂから消費者への無施肥米の販売が鈍化しつつある。小売業者Ｂの担当者は、販売不振の一因として消費者への販売価格が高いことを

表1　生産者の概要

生産者	S氏	K氏	N氏	I氏
年齢	66	81	56	45
経営面積（ha）	10.5	8.2	42	7.8
うち水稲面積（ha）	8.1	5	37	6.5
うち無施肥面積(ha)	1.4	0.83	0.89	0.3
無施肥栽培の開始年	1998	2003	2007	2009
開始時の面積（ha）	0.6	0.2	0.3	0.3
作付品目	水稲、WCS	水稲、大豆、小麦	水稲、大豆、小麦	水稲、大豆、ネギ
無施肥米の販売先	卸売業者A	卸売業者A	インターネット、飲食業者	卸売業者A

出所：筆者作成。
注：2015年度のデータである。

挙げている。現在までは卸売業者Aの生産者からの買取価格を参考に販売価格を設定していたが、販売の鈍化を受けて２０１６年産米から消費者への販売価格を下げることになっている。その影響を受けて卸売業者Aは生産者からの買い取り価格を初めて下げることとなった。

卸売業者Aが滋賀県の無施肥米を扱うようになった経緯は以下の通りである。１９９８年に酒造会社から無肥研に、無施肥栽培による酒米で吟醸酒を作りたいという要望があった。無肥研の理事である小林正幸氏は知り合いの生産者たちに新たに酒米生産を依頼したところ、まず滋賀県の酒米生産者が興味を示した。その生産者は当時酒米を販売していた卸売業者Aの代表取締役に無施肥米の生産について相談したが、結果的に別の酒米生産者を直接無肥研に紹介することとなり、その生産者（表1のS氏）が初めて無施肥栽培による酒米生産を開始した。また、このときに無肥研による圃場登録制度が開始され、S氏の圃場が最初に登録されると同時に、卸売業者Aが滋賀県内における無施肥米を集荷する体制ができた。なお、２０１５年に滋賀県で無施肥栽培をしている生産者５名は卸売業者Aが無肥研に紹介した人たちである。このように、卸売業者Aは米の集荷・販売という本来の役割に加え、

表２　無施肥栽培の導入動機

	S氏	K氏	N氏	I氏
農薬・防除費を低減できる	3	1	2	1
農薬散布作業を省力化できる	3	1	3	1
作業時の農薬による影響を軽減できる	3	1	1	1
環境への負荷を軽減できる	2	1	2	1
慣行米よりも高価格で販売することができる	2	2	3	1

出所：筆者作成。
注：各項目について1:「とても重視した」、2:「少し重視した」、3:「あまり重視しなかった」、4:「全く重視しなかった」の４段階で評価してもらった。

無施肥栽培の普及においても重要な役割を果たす存在であるといえる。

（2）生産者の概要

表１は聞き取り調査を実施した滋賀県の生産者４名の概要である。前述のとおりS氏が滋賀県内において最初に無施肥栽培を導入した生産者である。無施肥栽培の面積をみると、各生産者ともに経営面積の一部で導入していることがわかる。経営規模が大きく独自の販路を持つN氏以外は卸売業者Aに無施肥米を出荷しているが、N氏はインターネット販売や自ら飲食業者へ売り込んで販売している。

（3）生産の実態

①意思決定過程

無施肥栽培の紹介者に注目すると、最初に導入したS氏は卸売業者Aを介して無肥研の小林氏から直接情報を得ていた。I氏は農協の役員をしていることから農協関係者から情報を入手し、K氏、N氏は有機栽培に一緒に取り組んでいた生産者仲間から情報を入手していた。

表２は、無施肥栽培の導入動機について、浅井（１９９９）を参考にして無施肥栽培に関連すると考えられる導入動機（「農薬・防除費を低減できる」、「農薬散布作業を省力化できる」、「作業時の農薬による影響を軽減できる」、「環境

への負荷を軽減できる」）を設定して各生産者にたずねた結果である。さらに、兵庫県豊岡市の「コウノトリ育む農法」を対象とした上西（2015）において農法の導入動機の一つとして示された「慣行米よりも高価格で販売することができる」という項目についても問うた。それらの項目について調査対象者に、1：「とても重視した」、2：「少し重視した」、3：「あまり重視しなかった」、4：「全く重視しなかった」の4段階で評価してもらった。

表2と聞き取り調査の結果、経済合理的な要因（「慣行米よりも高価格で販売することができる」）のみによって全ての生産者が無施肥栽培の導入を動機付けられているわけではなく、例えばS氏は「環境への負荷を軽減できる」、N氏は「作業時の農薬による影響を軽減できる」など環境面や作業面に関する動機により導入したことが明らかとなった。また、「無施肥栽培を導入するにあたり不安・抵抗感等はあったか」という質問に対し、S氏は「すでに有機栽培をしていたため、抵抗はなかった。とりあえずやってみた」と回答した。類似あるいは関連する農法の経験蓄積があったため、新しい栽培方法といえども比較的抵抗感を覚えることなく無施肥栽培の導入を決定できたと考えられる。一方で残りの3名の生産者は「果たして米が取れるか不安であった」（K氏）、「収穫できるか不安だったが、先輩がやっていたので取り組んでみた」（N氏）、「除草作業が不安であった」（I氏）と回答し、単収や雑草被害などに関する不安があったという。しかし、3名とも無施肥栽培の当初導入面積は非常に小さい。これは、新しい栽培方法がうまくいかなかった場合の損害を最小限に抑えるため、小規模に試験的な栽培を開始したためであると思料される。

②収益性

表3は、ヒアリング調査を実施した生産者の販売価格、単収など収入に関するデータを表している。無施肥

表3　生産者の収入に関するデータ

生産者	S氏		K氏		N氏		I氏	
栽培方法	無施肥	慣行（酒米）	無施肥	慣行	無施肥	慣行（特栽米）	無施肥	慣行
販売価格（千円/60kg）（A）	30	12	31	9	24 ～ 30	11	30	12
単収（kg/10a）（B）	240	360 ～ 480	318	480	330	510	372	510
収入（A×B）÷60（千円）	120	72 ～ 96	164	72	132 ～ 165	94	186	102
差額（千円）	24 ～ 48		92		38 ～ 71		84	

出所：筆者作成。
注1：2015年度のデータである。
注2：表中の「差額」とは、無施肥栽培と慣行米の収入の差額を意味する。

米の平均単収は約5俵（300キログラム）(4)であり、先に述べたように卸売業者Aは60キログラムあたり約3万円で生産者から買い取っているため、単純に計算すると生産者の10アールあたり平均収入は約15万円となり、慣行栽培米の約7～10万円と相当な差があることがわかる。

費用に関して、無施肥栽培では農薬、肥料を全く使用しないためこれらの費用はかからないが、除草作業等により労働時間が長くなりがちである。つまり、抑草に失敗すると、除草作業に膨大な時間と費用がかかる可能性がある。例えばS氏は、2015年に手取り除草を目的としてパートを1名雇用したが、特に雑草被害がひどかったため賃金の総支払額が約30万円になったという。

なお、先に述べたとおり販路については、N氏は独自のルートを通して無施肥米を販売している一方で、残りの3名の生産者（S、K、I氏）は、無施肥米の全量を卸売業者Aに出荷している。

最後に表4は、無施肥栽培に特有な作業内容を表したものである。慣行栽培と無施肥栽培を比較すると、田植前では耕うん・代掻き、田植後では除草作業により労働時間が長くなることがわかる。

③今後の意向

表5は、聞き取りをおこなった生産者の今後の経営意向についてまと

表4　無施肥栽培に特有な作業内容と作業時間

S氏	K氏	N氏	I氏
耕うん・代かき追加2回	田植後の深水管理	代掻き最低4回	代掻き追加1回
機械除草3回 手取り除草（適宜）	田打車による除草3回	機械除草4回 手取り除草（一部）	機械除草3回

出所：筆者作成。
注：2015年度のデータである。

表5　今後の経営の意向

	S氏	K氏	N氏	I氏
後継者の有無	有	有	有	不明
今後の経営規模	拡大	縮小	拡大	維持
無施肥栽培の今後の規模	拡大	縮小	拡大	維持

出所：筆者作成。

めたものである。K氏はすでに高齢（調査時81才）であるため、経営規模を縮小し、作業負担が大きい無施肥栽培の規模も縮小する予定である。I氏は無施肥栽培に適した農地が他にないため、規模拡大は物理的に不可能であり今後も現在の規模を維持する予定である。無施肥栽培の場合、複数回にわたり除草機を圃場に入れるが、現在取り組んでいる圃場以外では除草機が沈んで作業ができないという。S氏は無施肥栽培の規模拡大意向を持っているが、無施肥米の販売が頭打ちになりつつある状況を受け、仮に規模拡大しても全量集荷してもらえないのではないかと懸念している。N氏は独自の販売先を確保しているため、今後も無施肥米の規模を拡大する予定である。

（4）普及上の課題

無施肥米は、慣行米と比較して単収は減少する傾向にあるが、現在までのところ高い買取価格が設定されているため、10アールあたりの収入は大きくなる特徴があることがわかった。一方で、生産費に関しては農薬費、肥料費が全くかからないが、除草に関する労働時間が長くなるという特徴がある。さらに、抑草、除草技術が未確立であるため、雑草による被害が予測できず、年によっては甚大な雑草被害を受け除草作業にかかる労働時間が大幅に増加するという不確実性をともなう。聞き取りを実施した生産者のうち3名は、無施肥栽培を導入する局面で単収や雑草被害に対して不安感等を持っていたが、それでも導入を決めた。この導入局面において不確実性などを大幅に低減することができれば、より多くの生産者が導入するようになると考えられる。そのため、抑草、除草技術の早急な確立が求められる。さらに、生産者が比較的多い滋賀県においてさえも生産者間の情報共有やコミュニケーションがほとんどなく、無施肥栽培に興味を持つ生産者の不安が解消されにくいと思料される。そこで、例えば無肥研による研修会やニュースレターの発行など、情報を共有する場やツールを用意することが今後の普及に効果的であると考えられる。また、研究機関や大学と連携し、技術確立に実証的に取り組むことも重要であると考えられる。(5) 実証的に技術が確立され、その情報が共有されることで、生産者は無施肥栽培に対する不確実性を低減することができる。

最後に、規模拡大意向を持っているにもかかわらず、販売面での先行きを懸念して躊躇している生産者がいたことから、販売面の強化が求められる。小売業者Bによる販売は、現在のところインターネット販売に限定されているが、積極的な販促活動等やこだわり農産物を扱っている店で新規に扱ってもらうことなどで販売強化を図り、無施肥米の高価格での買取が維持され、農法の普及につながることが期待できるだろう。

4　生産拡大のための方策

本章では、無施肥栽培の生産と流通・販売の実態を含め、その普及にかかる課題を明らかにした。今後さらに無施肥栽培の生産を拡大するためには、①抑草、除草技術を確立すること、②販売先の拡大・高価格での買取の実現、が必要であると考えられた。①に関しては、例えば無肥研が中心となり生産者同士が情報を共有する場を設けることが効果的であると考えられる。あるいは、生産者が全国に存在する状況をふまえると、ニュースレターなどを発行して抑草に成功した生産者の取り組みを紹介することなども効果的であろう。また、研究機関や大学と共同で研究することも有効であると考えられる。

一方で②を実現するためには、消費の拡大を図る必要がある。無肥研では、無施肥栽培の認知度を向上させることを目的としてウェブサイトの拡充に力を入れている。例えば、ウェブサイト上で現在までの活動紹介やイベントなどの告知をおこなっている。それらに加え、例えば無肥研が中心となり積極的に小売業者に売り込むなどして販路を開拓する、あるいは消費者の認知度を向上させるために、期間限定で出張販売するなど宣伝活動を実施することが必要だろう。

［付記］本章は、上西良廣・小林正幸「無施肥無農薬栽培の生産実態と生産拡大に関する分析」『ＮＰＯ無施肥無農薬栽培調査研究会　２０１５年度研究報告書』（35～39頁）に大幅な加筆・修正をおこなったものである。

注

（１）詳しくは無肥研のウェブサイト（http://muhiken.or.jp/wp/）を参照。

（２）無肥研のパンフレットを参照した。

（３）２０１５年時点において滋賀県内で無施肥栽培を導入している生産者は5名であるが、そのうち1名は高齢のため農作業に十分従事できていないことをふまえ対象から除いた。

（４）無肥研の小林氏へのヒアリング結果にもとづく。しかし、生産者や年によって単収が大きく異なることに注意が必要である。過去の実績では最小で約２００キログラム／10アール、最大で約４００キログラム／10アールであるという。

（5）大学の研究者とは既に共同で研究しているが、抑草や除草技術に関する研究はなされていない。過去の研究成果は、無肥研のウェブサイトで閲覧できる。

参考文献

浅井悟「新技術導入の動機と規定要因に関する農業者意識の分析――水稲病害抵抗性品種を対象に」浅井悟・門間敏幸『農家経営行動論――農家の行動論理と意思決定支援』農林統計協会、1999年、113～135頁
上西良廣「新たな農法による産地形成の実態――兵庫県豊岡市の「コウノトリ育む農法を事例として」」小田滋晃・坂本清彦・川崎訓昭『進化する「農企業」――産地のみらいを創る』昭和堂、2015年、209～235頁
梅本雅・高橋明広「稲作新技術の導入過程と経営者の意思決定」『農業普及研究』1998年、第3巻第2号、1～15頁

第4章 木質バイオマス発電と次世代施設園芸の連携をめざして

長谷　祐
上西良廣
高橋隼永
川﨑訓昭
坂本清彦
小田滋晃

1　はじめに

近年、農業の六次産業化の推進や輸出拡大に向けて、「攻めの農林水産業」が注目されている。この政策の目的は農家の所得向上や地域の活力向上であり、その実現に向けた取り組みの一つとして国内林業の成長産業化も謳われ、特に木質バイオマス等の地域材をエネルギー資源として利用拡大していくことが求められている。また、再生可能エネルギーを対象とした固定価格買取制度〔Feed-in Tariff 以下、「FIT」。詳細は第2節（1）を参照〕が2012年に開始され、木質バイオマスによる発電事業が森林資源の新たな需要先として期待されるようになったものの、収益性の確保には大規模な発電設備と大量の燃料木材が必要であった。2015年のFITの制度改正によって、地域内での間伐材由来の木質バイオマスを利用すれば、小規模な発電事業であってもより有利な条件での買取がなされることとなり、域内での資源循環の活性化が期待されている。

わが国は森林資源が豊富であることから、再生可能エネルギー利用における木質バイオマス発電への期待は大きい。しかし、小規模木質バイオマス発電事業では発電効率が悪いことから、売電事業のみで採算を取ることは困難とされ、発電時に発生する熱も供給する熱電併給（コージェネレーション）、さらに二酸化炭素も供給するトリジェネレーションの仕組みを構築することが重要とされている。この余熱や二酸化炭素の供給先として、近年わが国で導入が進んでいる、オランダ型の大規模温室ハウスと情報通信技術（ＩＣＴ）を活用した次世代施設園芸が考えられる。

わが国での次世代施設園芸については、２０１３年から農林水産省がおこなう「次世代施設園芸導入加速化支援事業」が代表的な取り組みとして挙げられる。この事業では、「木質バイオマス等の地域資源の利用による脱石油型エネルギー施設（中略）を整備すること」が謳われ、採択された事業の多くで、実際に木質チップやペレットによるボイラーが利用されている。わが国において小規模木質バイオマス発電で発生した電気や熱を施設園芸に利用する取り組みはまだ多くないが、地域資源循環や地域農業・経済の活性化に関して、この種事業が与える影響は今後大きくなると考えられる。

そこで本章では、小規模木質バイオマス発電事業と次世代施設園芸との連携事業によって、発電の余熱や二酸化炭素を効率的に利活用した場合の事業性について考察する。その際、木質バイオマス発電事業と次世代施設園芸のそれぞれの事業性についても、一定の前提を置きつつ試算をおこなう。これは、どちらの事業に関しても、これまでは技術的な側面からの研究はなされてきたものの、経営的な側面に分析の視座を置いた研究が少ないためである。

以下ではまず、わが国の木質バイオマス発電をめぐる動きを整理したうえで、小規模木質バイオマス発電事業の事業性および課題について論じる。その後、連携事業となる次世代施設園芸の経営概況と熱や二酸化炭素の利用によるコスト削減の可能性を検討し、木質バイオマス発電と次世代施設園芸の連携の効果と可能性について述べる。

2 木質バイオマス発電をめぐる政策と現状

本節では、小規模木質バイオマス発電に関して、現在わが国で進められている政策と現在の導入状況を概観する。その後、実際の小規模木質バイオマス発電装置を前提として、木質バイオマス発電事業の事業性の試算をおこなう。

(1) 再生可能エネルギー導入に向けた政策

アジア地域のエネルギー消費の増加や気候変動枠組条約第3回締約国会議（COP3、京都会議）での京都議定書の採択を受けて、わが国でも省資源かつ環境負荷の少ない新エネルギーの開発及び導入が不可欠となった。わが国では1997年の「新エネルギー利用等の促進に関する特別措置法（新エネルギー法）」制定以降、太陽光や風力、潮汐力、バイオマスなど、いわゆる再生可能エネルギーを新エネルギーの定義に含みつつ、その導入に向けた動きが活発となった。

2009年には「エネルギー供給事業者による非化石エネルギー源の利用及び化石エネルギー原料の有効な利用の促進に関する法律」に基づいて、太陽光発電による電気の買取制度が開始された。この制度は、太陽光発電で作られた電気のうち、自家消費の電力を差し引いた余剰電力を電力会社が買い取るものであり、その費

表1　FITの調達（買取）価格と買取期間

発電設備の種類	調達価格（円/kWh・税抜）				買取期間
	2012年度	2013年度	2014年度	2015年度	
太陽光（10kW以上）	40	36	32	27～29	20年
風力（20kW以上）	22	22	22	22	20年
中小水力（200kW未満）	34	34	34	34	20年
地熱（15,000kW以上）	26	26	26	26	15年
バイオマス（メタン発酵ガス）	39	39	39	39	20年
バイオマス（一般廃棄物）	17	17	17	17	20年
バイオマス（未利用木質）	32	32	32	40（2,000kW未満）	20年
バイオマス（未利用木質）	32	32	32	32（2,000kW以上）	20年
バイオマス（一般木質）	24	24	24	24	20年
バイオマス（建設廃材）	13	13	13	13	20年

資料：経済産業省資源エネルギー庁資料より。

注：個々の事業者には、国からの設備認定と電力会社との接続契約が締結された時点での買取価格・期間が適用される。

用を「太陽光発電促進付加金」として電気利用者が負担することで、「国民の全員参加」での太陽光発電の普及拡大を目的としていた(1)。

この太陽光発電の余剰電力買取制度の対象を拡大する形で、2012年に「電気事業者による再生可能エネルギー電気の調達に関する特別措置法」に基づく「固定価格買取制度（FIT）」が開始され、太陽光発電の他に、風力発電、水力発電、地熱発電、バイオマス（メタン発酵ガス、木質、一般廃棄物）発電による電気も買取の対象となった。この買い取り費用は太陽光発電での買取制度と同様に、賦課金として電気利用者が負担するもので、「太陽光発電促進付加金」はFIT導入と同時に「再生可能エネルギー発電促進賦課金」に統合されている(2)。

それぞれの発電方式によるFITの買取価格および買取期間は表1のようにまとめられる。

表2　再生可能エネルギー発電設備の新規導入状況（単位：万kW）

発電設備の種類	FIT導入前	FIT導入後			
		2012年度 7月～3月末	2013年度	2014年度	FIT導入後の増加分
太陽光（住宅）	約470	96.9	130.7	82.1	309.7
太陽光（非住宅）	約90	70.4	573.5	857.2	1501.1
風力	約260	6.3	4.7	22.1	33.1
地熱	約50	0.1	0	0.4	0.5
中小水力	約960	0.2	0.4	8.3	8.9
バイオマス	約230	2.1	4.5	15.8	22.4
合計	約2060	175.8	713.9	986	1,875.70

資料：経済産業省資源エネルギー庁資料より。

表3　バイオマス発電設備の新規認定状況

発電設備の種類		認定件数（件）	認定容量（万kW）	導入件数（件）	導入量（万kW）
メタン発酵ガス		110	3.3	43	0.9
一般廃棄物・木質以外		68	29.7	30	10.0
木質バイオマス	未利用木質	50	36.3	13	6.9
	一般木質	48	132.2	7	4.2
	建築廃材	4	1.1	2	0.4
合計		280	202.6	95	22.4

資料：経済産業省資源エネルギー庁資料より。

（2）FITによる木質バイオマス発電の普及

①再生可能エネルギー発電施設の導入状況

２０１５年３月末時点で再生可能エネルギーの設備容量は３億９３５７万kWとなっており、FIT導入前のほぼ2倍近くである。しかし、増加した設備容量のほとんどは太陽光発電のものであり、バイオマス発電の設備容量の増加は約1割にとどまっている（表2）。しかし、FIT導入後のバイオマス発電設備の拡大状況を見ると、木質バイオマス発電はバイオマス発電の新規導入量の約50％、認定容量の約80％を占めており、FITを活用した今後の拡大が見込まれる発電方式であるといえる（表3）。

②木質バイオマス発電設備の課題

木質バイオマス発電事業の発電コストは普及上の課題であり、特に出力規模による発電効率の差が大きな問題となる。FITにおけ

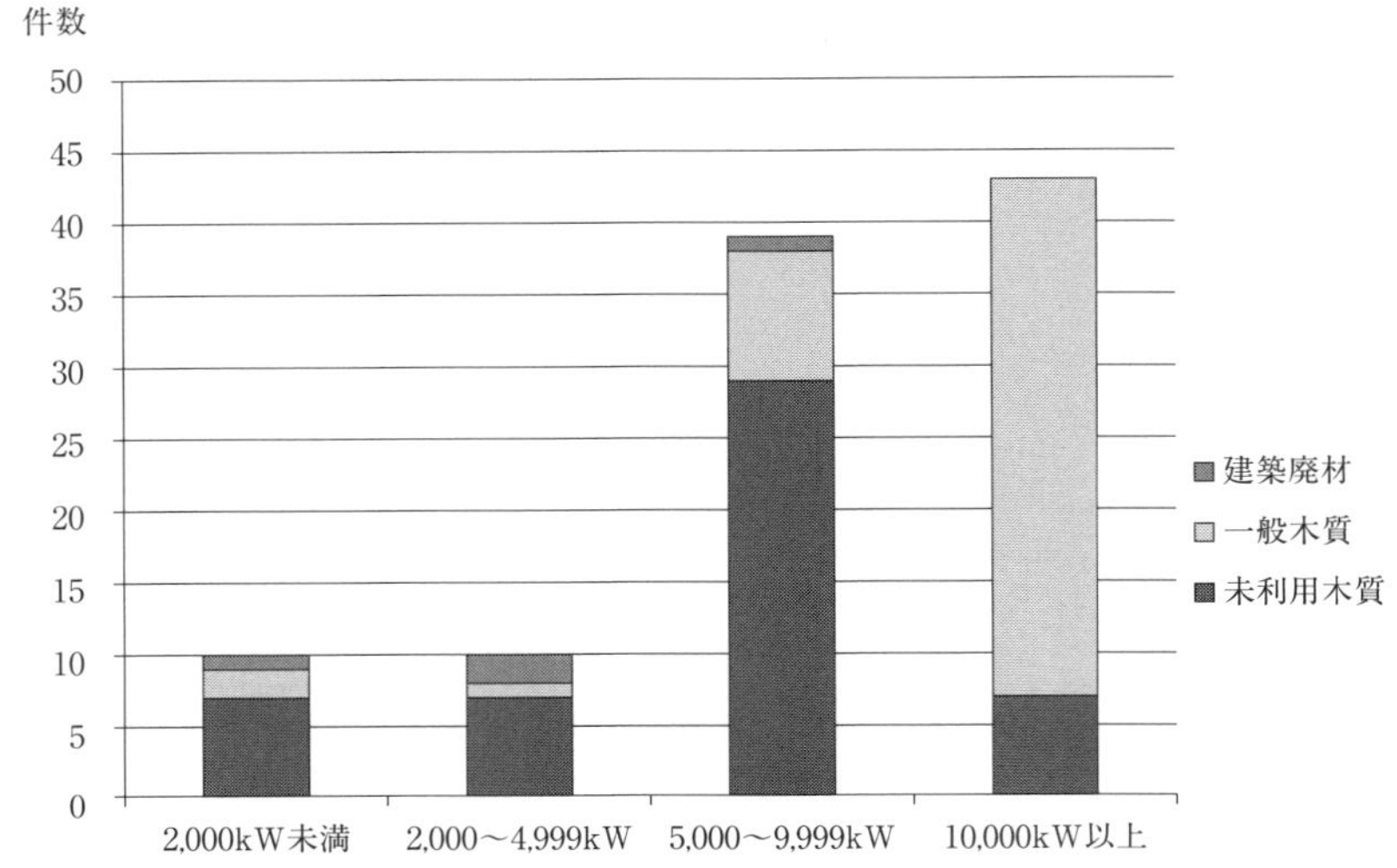

図１　FITを利用した木質バイオマス発電設備の規模別件数（2015年３月末時点）
資料：経済産業省資源エネルギー庁資料より。

る木質バイオマス発電の買取価格の策定には、５０００ｋＷの蒸気タービン方式での発電がモデルとして想定されている。その発電効率は20％とされており、出力の規模が小さくなれば、発電効率も低下する。(3) ＦＩＴの認定を受けた木質バイオマス発電設備１０２件のうち、５０００ｋＷ以上の発電規模を有しているのは82件であり、大規模な木質バイオマス発電事業が展開されているといえる（図１）。

前述の通り、２０１５年度からは制度変更により、域内での比較的小規模な木質バイオマス発電事業の展開が可能となりつつある。そこでは、林業など地元産業の収益拡大、雇用創出による地域経済活性化や、間伐材の効果的な利用による森林整備推進などの効果が期待されている。以下では、小規模木質バイオマス発電事業について、その事業性を計測していく。

(3) 小規模木質バイオマス発電の事業性の試算

小規模木質バイオマス発電事業について、ＦＩＴの利用および木材の安定供給を前提として、実際の小規模の木質バイオマス発電設備を想定し、その事業性を試算する。なお、算出資料については、国内で小規模バイオマス発電設備の納入実績がある、Ａ社からの提供を受けている。

①設備概要

本章では、小規模木質バイオマス発電装置として、６００ｋＷ規模を想定し、発電方式としては多筒式ロータリーキルン炉ガス化ガスエンジン発電と直接燃焼・ＯＲＣ発電（Organic Rankine Cycle：有機ランキンサイクル）の２通りを想定する。

小規模木質バイオマス発電では、ガスエンジンを利用した木質バイオマスのガス化による発電方式が採られることが多い[4]。多筒式ロータリーキルン炉ガス化ガスエンジン発電は、木質バイオマスをガス化した後に「改質炉」と呼ばれる炉を通すことで、タールを熱分解処理できる方式である。

一方の直接燃焼・ＯＲＣ発電方式は、基本的な構造は蒸気タービンと同様であるが、水蒸気ではなく、高分子有機媒体（シリコンオイルなど）の蒸気を利用する。現在は欧州を中心に導入が進み、特に３００～１５００ｋＷクラスの発電装置に使われている[5]。熱の回収効率が高く、熱電併給を前提とした施設に多く導入されている。

②各ケースによる事業性評価の概要

a　前提条件

今回の試算において設定した前提条件は以下の通りである。

①原料木材は原木チップを利用し、水分50％を含むものとする。木材価格は聞き取り調査の結果をもとに

表4　排熱量から重油量への換算式

項目	計算式	数値例（ケースⅠ）
排熱量	A	7,848,000kW/年
エネルギー換算係数	B	3.6　MJ/kW
重油量換算係数	C	0.0256　L/MJ
重油量換算	D＝A×B×C	721,878　L/年

資料：経済産業省資源エネルギー庁資料より。

1万円／トンとする。

②発電された電気は全てＦＩＴに従って販売されるとする。買取価格は小規模発電の未利用木質バイオマスで40円／ｋＷｈとする。

③排熱に関しても、全て利用できるものとし、排気量を農業用ボイラーで一般的に用いられるＡ重油に換算して収入に含める。Ａ重油の価格は「石油製品価格調査(6)」をもとに１００円／リットルとする（表４）。

④Ａ社聞き取り調査より、計画停止期間を考慮し、ガス化エンジンは年間７２００時間（３００日）、ＯＲＣは７９２０時間（３３０日）稼働する。

⑤設備の減価償却は15年とし、定額法で償却をする。

b　プラント性能および事業性評価

以上の前提条件のもとで、二つのケースについて事業性の評価をおこなった。その結果が表５～表８である。

（ケースⅠ）ガス化ガスエンジン発電６００ｋＷ（表５）（表６）

（ケースⅡ）直接燃焼・ＯＲＣ発電６００ｋＷ（表７）（表８）

c　まとめ

ガス化発電方式では、発電機の効率は大規模木質バイオマス発電設備を上回る効率を達成しているが、木質バイオマスをガス化する際の効率を勘案する必要があり、

表5 プラント性能（ケースⅠ）

項目	単位	数値
燃料入熱量	kW	3,276
発電出力	kW	620
熱出力	kW	1090
ガス化効率（a）	%	50
発電機効率（b）	%	37.9
発電効率(c)…(a)×(b)	%	18.9
熱効率（d）	%	33.3
総合効率…（c）+(d)	%	52.2

資料：聞き取り結果およびA社資料による。

表6 事業性評価（ケースⅠ）

項目	数値	備考
初期費用（建設コスト）	¥930,000,000	
売電量（a）	290,1600kWh	発電量の65 %（35 %は所内）
売電収入（b）…a×40	¥116,064,000	FIT 利用（¥40/kWh）
熱供給収入（c）	¥72,187,800	排熱 100％利用（重油 100円 /L 換算）
年間収入(d)…(b)+(c)	¥188,251,800	
事業支出（e）	¥282,010,829	
年間収支…（d）−（e）	¥▲93,759,029	

資料：聞き取り結果およびA社資料による。

表7 プラント性能（ケースⅡ）

項目	単位	数値
燃料入熱量	kW	5,556
発電出力	kW	643
熱出力	kW	2,664
ボイラー効率（a）	%	85
発電機効率（b）	%	13.6
発電効率（c）…（a）×（b）	%	11.6
熱効率（d）	%	47.9
総合効率…（c）+(d)	%	59.5

資料：聞き取り結果およびA社資料による。

表8 事業性評価（ケースⅡ）

項目	数値	備考
初期費用（建設コスト）	¥810,000,000	
売電量（a）	3,928,320kWh	発電量の77%（23%は所内）
売電収入（b）…a × 40	¥157,132,800	FIT 利用（¥40/kWh）
熱供給収入（c）	¥194,131,900	排熱 100％利用（重油 100円 /L 換算）
年間収入(d)…(b)+(c)	¥351,264,700	
事業支出（e）	¥320,511,567	
年間収支…（d）−（e）	¥30,753,133	排熱利用が85％を下回ると赤字
初期投資回収年	9.6	初期費用／（年間収支＋減価償却費）

資料：聞き取り結果およびA社資料による。

木質バイオマスの投入量と出力の比である発電効率そのものは、大規模発電設備を下回る結果となった。ＯＲＣ発電では、発電効率は大規模発電設備より低めであるものの、熱効率が高いため、熱供給による収入が売電収入を上回っている。そのため、６００ｋＷクラスであれば単年度の黒字の達成も可能である試算結果となった。

今回の試算では、原料木材の安定供給と１００％の熱利用を想定しており、小規模木質バイオマス発電の熱電併給事業として理想的な条件における試算であるといえよう。しかし、投資回収が可能とされるＯＲＣ方式でも85％以上の熱利用が求められる試算となり、小規模木質バイオマス発電事業単体での事業継続は困難であることを示唆する結果となった。

3　バイオマス発電と連携した次世代施設園芸

本節では、小規模木質バイオマス発電の連携事業として想定している次世代施設栽培の事業性について検討する。

(1)　次世代施設園芸の品目ごとの経営について

ここでは、次世代施設園芸の栽培品目として、非結球レタス、イチゴの2つの品目を選定し、実際の施設を想定しつつ、各作目の経営の概要と事業性について試算する。

①前提条件

- 土地は農用地を利用し、その評価額は現地調査の結果より1.5万円／坪とする。
- 事業開始初年度の売り上げは目標売上の70％とし、その後、毎年10％ずつ加算するものとする（4年目以降は目標売上を達成）。
- 労働力については、パートを利用し、時給を８４０円として計算する。
- 各作目の基本モデルとして10㌃あたりの経営費を計算する。
- 販売価格については、企業および生産者への聞き取り調査を参考にして算出する。
- 販売先は確保されているとして、生産物はすべて販売する。
- 減価償却は15年とし、定額法で償却する。
- 投資回収期間はキャッシュベースで計算する。

②非結球レタス作

非結球レタス作は、土耕栽培が主流であった１９８０年代に連作障害が問題となったが、近年では技術やノウハウの蓄積などから生産の安定性・単収が向上している養液栽培へのシフトが進んでいる。小規模木質バイオマス発電は原料木材の品質差などから、ガス発電と比較して発電の安定性が低くなると言われており、安定的な収益を確保できる非結球レタス作を小規模木質バイオマス発電の連携事業に組み込むことは有効であると考えられる。

養液栽培の非結球レタス作で導入実績のあるB社、C社の資料および現地での聞き取り調査を基に、非結球レタス作の事業性を検討したものが表9、表10である。

非結球レタス作は生産量が多いため、販売網が整備できれば黒字は達成可能である。目標売り上げの80％を下回らなければ一般管理費や減価償却費、租税公課を勘案しても黒字となる。また、本ケースでは投資回収期間は7年であり、事業性は高いと評価できる。

③イチゴ作

イチゴは温度管理と二酸化炭素施用が生産量の向上に有効な作目であり、トリジェネレーションがその効果を発揮しやすいと考えられる。一方で、定植や収穫などの作業が一時期に集中しやすい作目でもあるため大規模化は困難とされてきたが、近年は栽培床を移動させることで労働者の負担を軽減する装置の開発・導入も進んでいる。本項ではその移動栽培装置を開発しているD社の資料を参考にして、イチゴ作を選定して検討をおこなう（表11、表12）。

イチゴ作は売上額に対する売上原価の割合が小さく、効率的に売上総利益を見込みやすい。しかし、移動式栽培装置の導入にかかるイニシャルコストが高く、減価償却費が経営費の半分以上を占めている。一方で、目標売上が達成されれば黒字の達成は可能で、15年での投資回収が見込まれている。

(2) コージェネレーション、トリジェネレーションの効果

トリジェネレーションの利用による農業への効果については、まだ明らかになっていない部分が多い。二酸化炭素施用による二酸化炭素濃度の変化と収量の変化についても、果樹や葉物野菜栽培における実証的なデータは極めて限られている。[7] そこで本章では、熱や二酸化炭素を次世代施設園芸に利用する際の考え方として、収量の増加は考慮せず、暖房設備や燃料代の縮減によるコスト削減効果のみを考える。以下で、熱利用および

表 11　イチゴ作の初期投資

項目	価格（円）	備考
農地購入資金	4,537,500	
ハウス	26,028,000	B 社資料
内部設備	33,182,000	D 社資料
合計	63,747,500	

資料：各社資料及び聞き取り調査より作成。

表 12　イチゴ作の初期投資の収益および費用

収益		備考
収穫量（kg）	7,000	
粗収益（円）	7,000,000	販売単価 1,000 円 /kg
費用	価格（円）	備考
種苗費	40,500	D 社資料
肥料費・農薬費	211,500	
電気代	121,000	
燃料代	449,600	
灯油代	138,240	
出荷資材・運搬費等	208,000	
修繕費	150,000	
人件費	809,900	
一般管理費	210,000	売上の 3%を想定
減価償却費	3,947,333	15 年償却
合計	6,286,073	
初期投資回収期間	15 年	

資料：各社資料及び聞き取り調査を参考に試算・作成。

表 9　非結球レタス作の初期投資

項目	価格（円）	備考
農地購入資金	4,537,500	
ハウス	26,028,000	B 社資料
内部設備	5,000,000	C 社資料
合計	35,565,500	

資料：各社資料及び聞き取り調査より作成。

表 10　非結球レタス作の収益および費用

収益		備考
収穫量（株）	380,000	
販売量（株）	349,600	収穫量の 92%
粗収益（円）	26,220,000	販売単価 75 円/株
費用	価格（円）	備考
種苗費	6,194,000	B 社資料
肥料費・農薬費	475,000	
電気代	3,600,000	
燃料代	1,500,000	
出荷資材費	1,500,000	
流通・輸送費	1,646,400	
修繕費	150,000	
人件費	1,735,500	
一般管理費	786,600	売上の 3%を想定
減価償却費	2,068,533	15 年償却
合計	19,656,033	
初期投資回収期間	7 年	

資料：各社資料及び聞き取り調査を参考に試算・作成。

二酸化炭素利用の方針を述べる。

a　排熱の利用について

各経営体系における暖房設備の代替を排熱でおこなうため、イニシャルコストにおける暖房機具費が削減される。またランニングコストに関しては、燃料費が削減される。燃料費の削減額については、排熱の供給量および需要量をA重油で換算し、比較することで確認する。

b　二酸化炭素の利用について

二酸化炭素の利用に関しては情報が少なく、収量変化の十分な検討ができない。そこで、二酸化炭素の利用量が判明しているイチゴ作で二酸化炭素を施用するとし、イチゴ作での二酸化炭素需要量は全てトリジェネレーションでまかなえるものと仮定する。

試算の結果は紙幅の関係で省略するが、非結球レタス作、イチゴ作の両方でイニシャルコストの削減およびランニングコストの削減に対しての一定の評価ができる結果が得られた。

4 連携事業を運用した際の試算

(1) 木質バイオマス発電と次世代施設園芸の連携事業としての試算

第3節の次世代施設園芸の試算結果および、第2節でおこなった小規模木質バイオマス発電装置の試算結果を前提として、小規模木質バイオマス発電と①非結球レタス、②イチゴと非結球レタスの栽培をおこなう際の、複合的な運用について、栽培面積と利益・初期投資回収年についての試算結果を提示する。その結果の概要は、以下の表13～表16のようになる。

（ケースⅠ）ガス化ガスエンジン発電６００ｋＷ

（ケースⅡ）直接燃焼・ＯＲＣ発電６００ｋＷ

(2) 試算結果のまとめ

小規模木質バイオマス発電と施設園芸との複合的な運用をおこなった際の試算結果は以下の表17の通りである。損益をみると、1.6㌶以上の非結球レタス作を導入することで、黒字化が見込まれる。イチゴ作を併せて導入したとしても黒字化に必要な非結球レタス作の面積が0.1㌶減少するのみで、大きな変化はない。初期投資回収期間については、1.6㌶の非結球レタス作を展開すれば15年での投資回収が見込まれ、回収期間を10年とすれば、2.2㌶の非結球レタス作の面積が必要となる。

表 13　非結球レタス栽培でのシミュレーション結果（ケースⅠ）

栽培面積	初期投資額（円）	単年度利益（円）	初期投資回収年（年）
10a	966,615,500	▲147,070,433	
50a	1,113,077,500	▲105,388,167	
1ha	1,296,155,000	▲53,285,333	45.2
2ha	1,662,310,000	50,920,333	10.9
3ha	2,028,465,000	155,126,000	7.3

資料：試算結果より作成。

表 14　イチゴ 50a と非結球レタス栽培でのシミュレーション結果（ケースⅠ）

栽培面積	初期投資額（円）	単年度利益（円）	初期投資回収年（年）
イチゴ 50a＋レタス 10a	1,248,745,500	▲138,665,888	
イチゴ 50a＋レタス 50a	1,386,807,500	▲97,263,632	
イチゴ 50a＋レタス 1ha	1,559,385,000	▲45,510,798	27.9
イチゴ 50a＋レタス 2ha	1,904,540,000	57,994,868	10.6
イチゴ 50a＋レタス 3ha	2,249,695,000	161,500,535	7.4

資料：試算結果より作成。

表 15　非結球レタス栽培でのシミュレーション結果（ケースⅡ）

栽培面積	初期投資額（円）	単年度利益（円）	初期投資回収年（年）
10a	846,615,500	▲141,696,433	
50a	993,077,500	▲100,014,167	
1ha	1,176,155,000	▲47,911,333	45.1
2ha	1,542,310,000	56,294,333	10.3
3ha	1,908,465,000	160,500,000	7.0

資料：試算結果より作成。

表 16　イチゴ 50a と非結球レタス栽培でのシミュレーション結果（ケースⅡ）

栽培面積	初期投資額（円）	単年度利益（円）	初期投資回収年（年）
イチゴ 50a＋レタス 10a	1,128,745,500	▲133,291,898	
イチゴ 50a＋レタス 50a	1,266,807,500	▲91,889,632	
イチゴ 50a＋レタス 1ha	1,439,385,000	▲40,136,798	27.1
イチゴ 50a＋レタス 2ha	1,784,540,000	63,368,868	10.1
イチゴ 50a＋レタス 3ha	2,129,695,000	166,874,535	7.1

資料：試算結果より作成。

表17　施設園芸との複合的な運用での試算結果まとめ

ケース	Ⅰ	Ⅱ
発電装置	ロータリーキルン	有機ランキンサイクル
単体での収益 （単位：千円）	▲157,491	▲152,117
非結球レタス栽培		
単年度黒字化	1.6ha	1.5ha
投資回収15年	1.6ha	1.6ha
投資回収10年	2.2ha	2.1ha
イチゴ50aと非結球レタス栽培		
単年度黒字化	1.5ha	1.4ha
投資回収15年	1.5ha	1.5ha
投資回収10年	2.2ha	2.1ha

資料：試算結果より作成。

5　連携事業の成功に向けた展望

本章の試算結果は3点にまとめられる。すなわち、①FITを前提としても、小規模木質バイオマス発電事業を売電事業のみで成立させるのは困難である。②木質バイオマス発電の連携事業としての次世代施設園芸については、非結球レタス、イチゴのそれぞれについて、投資回収という意味においても事業性があると判断される。③小規模木質バイオマス発電と次世代施設園芸の連携については、およそ1.6㌶の非結球レタス作の併営によって事業性を確保することができる。

本章の試算は、実際の木質バイオマス発電設備や次世代施設園芸の設備の情報をもとに試算をしており、現在におけるこの種の事業に関して、有効な情報を提供できたものと言える。しかし、木質バイオマス発電事業および次世代施設園芸事業は、近年政策的に推進されて急拡大してきており、今後の技術革新やブレークスルーも期待される。それにより、本章の試算結果も大きく変わることも十分に予測できる。

また、オランダやアメリカでは天然ガス発電によるトリジェネレーションの農業利用が進められており、今後はより国際的な視野をもってこの種の事業の分析や解明をおこなう必要がある。こうした視座からの研究が蓄積されることで、新たな地域資源循環のモデルや農林工連携という枠組みの展開が期待される。

［付記］本章は、小田滋晃・長谷祐・上西良廣・高橋隼永・川﨑訓昭・坂本清彦「木質バイオマス発電事業と次世代施設園芸の連携について」『生物資源経済研究』21、2016年に大幅な修正を加え、本書のために再構成したものである。

注

（1）東京電力ウェブサイト「太陽光発電の余剰電力買取制度について」http://www.tepco.co.jp/e-rates/individual/shin-ene/taiyoukou/fukakin-j.html［2015年7月6日参照］
（2）経済産業省・資源エネルギー庁『再生可能エネルギー固定価格買取制度ガイドブック2015年度版』http://www.enecho.meti.go.jp/category/saving_and_new/saiene/data/kaitori/2015_fit.pdf［2015年7月10日参照］
（3）文献［3］参照。
（4）木質バイオマスを直接燃やすのではなく、まず木質バイオマスを「ガス化」し、そのうえでガスエンジンによって燃焼させるものである。「ガス化」と「発電」の2段階が必要なため、施設の初期投資やメンテナンス費が増大する。
（5）文献［3］参照。
（6）経済産業省資源エネルギー庁統計。
（7）文献［1］や文献［2］参照。

参考文献

［1］池永寛明「農林水産分野におけるトリジェネレーションシステムの開発」『日本農業気象学会2008年全国大会講演要旨』、

２００８年
［２］牛尾亜由子「トルコギキョウ施設栽培における効果的な二酸化炭素の施用方法」『花き研究所ニュース』14、農研機構花き研究所、２００７年
［３］梶山恵司「木質バイオマスエネルギー利用の現状と課題」『富士通総研　研究レポート』４０９、２０１３年
［４］中嶋健造「大は小を兼ねないが、小は大を兼ねる——林業・大規模集約施業の問題点と、全国に広がる『土佐の森方式』」『ＴＰＰでどうなる日本？』季刊地域５号、２０１１年
［５］山口聡「電力自由化の成果と課題——欧米と日本の比較」『調査と情報』第59号、国立国会図書館、２００７年

第5章 大規模稲作経営における経営戦略と経営技術パッケージ
――農匠ナビ1000プロジェクトを事例に

長命洋佑
南石晃明

1 稲作経営を取り巻く環境変化

2015年10月5日、米国（アトランタ）で開催された閣僚会議において、環太平洋パートナーシップ協定（the Trans-Pacific Partnership, 以下「TPP」という）の交渉が大筋合意に至った。農林漁業者や関連産業に携わる関係者からは、農産物の貿易自由化・輸入関税引き下げにより、国産米と輸入米の競合が激化し米価格が低下することへの懸念がみられる。また、米の生産価格の長期的な下落、わが国の人口減少や高齢化に伴う米の消費量の減少などの問題を抱えており、米市場リスクの増大が懸念されている（南石 2016）。その一方で、気候変動（地球温暖化）により世界の気候が大きく変動し、わが国においても高温障害と冷害の発生頻度がともに増加し（南石 ２０１１）、収量変動リスクや品質変動リスクの増大、さらには、集中豪雨等による気象災害リスクの増大が懸念されている（南石 ２０１６）。

そのような状況のなか、近年では農業法人数が増加し、政策的にも注目が集まっている。例えば、「日本再興戦略」（平成25年6月14日閣議決定、平成26年6月24日改訂）では、法人経営体数を２０１０年比４倍の５万法人とすることが掲げられている。農業生産法人を主とする農業法人には、先進的・先駆的農業を担うリーディングファームとしての役割に留まらず、次世代のわが国農業を担う人材育成が期待されており、社内においてさまざまな人材育成の取り組みがおこなわれている（南石ら ２０１４、南石・藤井 ２０１５）。またこれらに加え、地域農業において先進的な技術普及や社会的貢献活動などに対する期待も高まっている（小田ら ２０１３）。さらに、こうした政策目標に向けた研究開発の一環として「攻めの農林水産業の実現に向けた革新的技術緊急展開事業」等が実施されており、①消費者ニーズに立脚し、輸出拡大も視野に入れた新技術による強みのある農畜産物づくり、②大規模経営での省力・低コスト生産体系の確立、③ＩＣＴ技術等民間の技術力の活用などにより、従来の限界を打破する生産体系への転換を進めることが、わが国農業政策上の急務とされている（農林水産省農林水産技術会議事務局 ２０１４）。

このように稲作経営を取り巻く環境は、大きな転換期を迎えている。農業経営者が自身の経営を持続的に発展・成長させていくためには、経営内部および経営外部の環境変化に対応していくことが不可欠であるといえる。そこでは、明確な経営ビジョンや目的の設定を含めた経営戦略策定および戦術選択が求められる（南石 ２０１１、小田ら ２０１３）。

そこで本章では、「農匠ナビ１０００プロジェクト」を事例として取り上げ、そのプロジェクトの概要と成果について述べていくこととする。さらにプロジェクトに参画している大規模稲作農業生産法人４社（以下、法人と略記）の経営概況や経営戦略についても触れ、各法人ではいかなる生産技術を組み合わせ（技術パッケージ）、生産をおこなっているのかについても言及していく。

以下、次節では「農匠ナビ1000プロジェクト」の取り組みを紹介する。第3節では、プロジェクトに参画している各法人の経営概況について述べる。ここでは、各法人が考える経営目的および生産管理に着目し言及する。第4節では、プロジェクト研究から明らかになった生産費低減を実現するための大規模稲作経営技術パッケージの内容について述べる。最後、第5節では、本章のまとめおよび今後の展開について言及する。

2 「農匠ナビ1000プロジェクト」の取り組み

本節では、「農匠ナビ1000プロジェクト」の取り組みについて、南石（2016）・南石・長命［編著］（2016）を要約するかたちで紹介していくこととしよう。

前節で述べた日本再興戦略では、今後10年間で全農地面積の8割を担い手に集積し、米の生産コストを現状の全国平均から4割削減することが政策的目標として設定されている。しかし、規模拡大の態様は地理的条件によって異なり、地域条件（導入可能な作付体系）や経営規模に応じて適した技術体系も変わるため、地域別にモデル的な技術体系を整理し、生産コスト低減等の効果を実証する必要がある。

こうした環境変化に対応し、「攻めの稲作経営」を実現するためには、生産費低減と同時に、輸入米と差別化された高品質・高付加価値化を両立しうる栽培技術・生産管理技術・経営管理技術の体系化・パッケージ化が必須の課題となっている。つまり、各経営が明確なビジョンと戦略をもち、それを実現するために最適な技術パッケージを選択・導入するとともに、それを確実に実行できる高い技術力と熟練した技能を有する稲作経営体の確立が喫緊の課題となっている。

このような諸問題を解決するためには、大規模稲作経営が研究開発に主体的に参画し、水稲の栽培技術や生産管理技術、さらには稲作経営の経営管理技術までを含めて、大規模稲作経営のための実践的な技術パッケージを営農現場において確立することが求められている。わが国の気候風土を強みとし、稲作経営の熟練技能（「匠」の技）を継承しつつ、情報通信技術ＩＣＴも最大限活用して、大規模稲作経営に有効な生産経営管理技術基盤を構築することが、「農匠ナビ１０００プロジェクト」の究極的なビジョンである。

そこで、わが国の稲作経営を代表する農業生産法人４社㈲横田農場（茨城県）、㈱ぶった農産（石川県）、㈲フクハラファーム（滋賀県）、㈱ＡＧＬ（熊本県）にも共同研究機関として参画いただき、「農匠ナビ１０００研究コンソーシアム（次世代大規模稲作経営革新研究会）」を組織し、次世代の稲作経営を実現する実証研究プロジェクトを２年間（２０１４〜２０１５年度）実施した。

この研究の達成目標（最終目標）は、各地域農業への波及効果が期待できる各地域を先導する大規模稲作経営がこれまでの営農体系と比較して、生産コスト低下、あるいは収益率（生産コストに対する収益の割合）向上が可能となる技術体系の確立をおこなうことである。成果目標としては、大規模稲作経営者が次の３点を実現するための実践的な技術パッケージを確立することである。

①大規模化や生産管理・経営管理の高度化による農機具費・資材費の低減
②作業の省力化や技能向上による労働費の低減
③高収量・高品質による収益性の向上

なお、生産コスト低減の具体的な研究目標は、米の生産コスト（生産全算入生産費）を玄米1キログラム当たり150円まで低下させることである。これは、平成26年産の全国平均の全算入生産費玄米1キログラム当たり256・9円（農林水産省2015）の58％に相当し、42％のコスト低減になる。

3 「農匠ナビ1000プロジェクト」に参画している農業生産法人

本節では、「農匠ナビ1000プロジェクト」に参画している農業生産法人における経営概況、経営目的および生産管理について、長命・南石（2016）を要約するかたちで見ていくこととしよう。

（1）各法人の経営概況と経営目的

表1は、各法人の経営概況を示したものである。設立年次を見てみると、フクハラファームが1994年、横田農場が1996年（代表交代が2008年）、ぶった農産が1988年、AGLが2006年と、AGLを除く3法人で比較的早い時期に設立している。売上高は、フクハラファームで3億8000万円、横田農場で1億3000万円、ぶった農産で1億4600万円、AGLで6900万円となっている。労働力の構成に関しては、各法人役員数が2～4名であり、従業員は最も少ないAGLで2名、最も多いフクハラファームで13名となっている。水田経営面積は、フクハラファームで165ヘクタール、横田農場で125ヘクタールと100ヘクタールを超す規模となっており、ぶった農産およびAGLは30ヘクタール規模である。

表1　各法人における経営概況と経営目的[1)]

	フクハラファーム	横田農場	ぶった農産	AGL
経営形態	有限会社	有限会社	株式会社	株式会社
(設立年次)	(1994年)	(1996年) [2)]	(2001年) [3)]	(2006年)
資本金	800万円	300万円	1000万円	200万円
売上(2014年)	3億800万円	1億3000万円	1億4600万円	5000万円
労働力(人)				
役員	4	2	4	2
従業員	13	11	8(うち契約社員1)	2
長期パート(臨時雇用)	1	5	10(その他季節パート、多数)	2
水田経営面積	165ha	125ha	28.0ha	21.2ha
その他農作物経営面積	麦30ha、大豆10ha、露地野菜10ha		1.4ha	0.6ha
水稲作付面積	157ha	125ha(うち直播7ha)	28.0ha	21.2ha
	うち加工用・新規需要米(70ha)	うち加工用(27.2ha)	うち加工用(0.9ha)	うち飼料用(4.7ha)
		うち飼料用(3.9ha)		
		うち備蓄用(12.3ha)		
その他農作物作付面積	転作40ha		加工用(かぶ・大根:1.1ha)	とうもろこし(0.6ha)
	野菜・果樹(15ha)		加工用(なす・夏野菜:0.3ha)	
作業受託面積	延べ50ha 水稲(延べ30ha) 麦(延べ15ha) 大豆(延べ5ha)	延べ水稲(20ha)	水稲(1.6ha)	水稲(10.6ha)
主要事業				
農産物	水稲・野菜栽培	水稲栽培	水稲・野菜栽培	水稲栽培
農産加工	加工・加工品販売(酒・餅)	加工・加工品販売(米粉スイーツ)	加工・加工品販売(かぶら寿し、麹なす、魚糠漬け等)	
その他	作業受託	作業受託	作業受託	作業受託 畜産(繁殖雌牛) 稲発酵粗飼料(WCS) 副産物(稲わら) 植物工場コンサルタント
食用米の特徴的な栽培方法	特別栽培(41ha)	特別栽培(30.7ha)	特別栽培(24.8ha)	特別栽培(疎植栽培:14.3ha)
	有機栽培(合鴨農法:6.6ha)	有機栽培(紙マルチ:4.6ha)	高密度育苗栽培技術(低コスト技術:3.7ha)	減農薬栽培(紙マルチ:0.3ha)
経営目的	・高品質・収量増加と低コスト化の両立 ・再生産可能な生産コストの実現	・規模拡大によるコスト削減 ・少数精鋭の人材育成	・高品質・高食味かつ低コスト化	・高売り上げ・高収入 ・低コスト化

注1:各法人社長に対する聞き取り調査(面積は2015年度実績)。
　2:2008年より現代表の横田修一氏が代表取締役となる。
　3:1998年に有限会社設立。
出典:長命・南石(2016)26〜27頁および29頁(経営目的)より転載。

水稲以外に作付している作目としては、フクハラファームでは生産調整対策としての麦および大豆に加え、野菜の契約栽培や果樹を生産している。ぶった農産では加工用原料野菜の生産をおこなっている。ＡＧＬではとうもろこしの生産をおこなっている。水稲作のみの経営は横田農場だけである。

その他、各法人における主要な事業を見てみると、フクハラファームでは加工用米（餅や酒米）の生産を、横田農場では米粉スイーツの製造・販売を、ぶった農産ではかぶら寿しや麹なすなどの加工品の製造・販売を、ＡＧＬでは繁殖雌牛の飼養、稲発酵粗飼料（ＷＣＳ）の生産、稲わら副産物の販売、植物工場のコンサルタントをおこなうなど、多様な事業に取り組んでいる。また、栽培方法の特徴を見てみると、各法人で特別栽培に取り組んでいるほか、フクハラファームでは直播栽培や合鴨農法による有機栽培、横田農場では直播栽培や紙マルチ移植による有機栽培、ぶった農産では高密度育苗栽培の導入、ＡＧＬでは紙マルチ移植による減農薬栽培などに取り組んでいる。

次いで各法人の経営目的について見てみると、フクハラファームでは、「高品質・収量増加と低コスト化の両立」および「再生産可能な生産コストの実現」を経営目的としている。横田農場では、「規模拡大によるコスト削減」および「少数精鋭の人材育成」を目的として掲げている。ぶった農産では、「高品質・高食味かつ低コスト化」を、ＡＧＬでは「高売り上げ・高収入」および「低コスト化」を経営目的としている。各法人の共通した経営目的としては、「高品質および収量の増加」と「低コスト化」の両立を掲げている。これらの経営目的は、実需者ニーズに対応したものであるといえるが、これらを両立させるためには、高い生産技術と生産管理能力が必要となる。

表2　各法人が生産管理において重視している点

フクハラファーム	横田農場	ぶった農産	AGL
●品質・収量の確保 ・品種特性に応じた的確な栽培管理 ・地域の標準反収の1～2割増収	●基本的な技術をしっかりと踏まえたうえで品質と収量を高い次元で両立させること	●収量と品質 ・収量は地域平均の1割増し以上 ・品質は全量一等米を実現	●稲（品種）が持つ生育特性を最大限引き出す栽培方法
●緻密な作業計画 ・生育予測シミュレーションによる刈取適期から逆算した品種ごとの的確な栽培計画 ・生育に見合った的確な水管理	●省力化・低コスト化のための技術を、自身の経営で咀嚼しての取り入れること	●ばらつきの少ない正確な栽培 ・ばらつきを最小限にし、予定した正確な栽培の実現をはかる	●栽培作物に過剰な負荷をかけない栽培方法
	●外すことのできない栽培上の重要なポイントを見極めたうえで、従来にとらわれない栽培方法の試行をおこなう	●施肥管理と水管理 肥料制御の判断の幅（葉色板にて） ・水深管理に関して具体的な数値で判断する	●肥料、農薬は必要最小限に抑える
		●栽培管理マニュアルの作成と実施 ・マニュアルづくりと、マニュアルに基づいた栽培の実施	

出典：長命・南石（2016）34頁より転載。

（2）各法人における生産管理

表2は、各法人の社長への聞き取り調査より、生産管理において重視している点をまとめたものである。

フクハラファームでは、「品質・収量の確保」および「緻密な作業計画」を重視していた。前者に関連する要素として、「品種特性に応じた的確な栽培管理」、「地域の標準反収の1～2割増収」を、また後者に関連する要素として、「生育予測シミュレーションによる刈取適期から逆算した品種ごとの的確な栽培計画」、「生育に見合った的確な水管理」を重視していた。150ヘクタールを超えるフクハラファームでは、農地拡大に対応するため、早生品種から晩生品種など複数品種を組み合わせた作期分散を図っており、収穫（刈取）時期から逆算して育苗や田植えの時期、品種、圃場などを決定している。そのため、適期の把握による緻密な生産管理をおこなうことが重要である。

次いで横田農場においては、「基本的な技術をしっかりと踏まえたうえで品質と収量を高い次元で両立させること」、「省力化・低コスト化のための技術を自身の経営で咀嚼して取り入れること」、さらには、「外すことのできない栽培上の重要なポイントを見極めたうえで、従来にとらわれない栽培方法の試行をおこなうこと」を重視していた。横田農場では、農地拡大に対応するため、早生品種から晩生品種など複数品種の組み合わせにより、田植えおよび収穫の期間は2か月以上となっている。また、それらの作業は田植え機・コンバインなど機械体系1セットで対応しているため、これまでの常識にとらわれない生産管理方法の確立を含む経営戦略を志向していくことが重要となる。そのためには、生産管理に関わる従業員がそれぞれ、作業内容の把握のみならず、重要なポイントを見極めたうえで作業を遂行し、効率的な作業体系の構築を図っていくことが求められてくる。

ぶった農産においては、「収量と品質」、「ばらつきの少ない正確な栽培」、「施肥管理と水管理」、「栽培管理マニュアルの作成と実施」の4点を重視していた。ぶった農産の圃場は市街化区域に隣接しており、今後、規模拡大をおこなうことが難しい立地条件となっている。そのため、高収量および高品質の維持・確保が重要となってくる。収量に関しては、地域平均と比べ1割以上高い収量を、品質は全量一等米を、それぞれ特別栽培において可能とする栽培技術の確立を目指している。また、品種間および圃場間でのばらつきを可能な限り抑えることを心掛けている。すなわち、経営内における栽培管理の高位標準化を目指しているといえる。そのために、栽培計画において予想される収量・品質の確保が可能となる栽培技術の確立が重要となる。特に施肥管理および水管理を重視しており、葉色板判断による施肥判断および朝夕2回の水田圃場見回り・水深管理等の周密な栽培判断を熟練した経験と具体的な数値に基づいておこなうことを重視している。そして、栽培管理マニュアルを作成し、そのマニュアルに基づいた栽培の実施をおこなっていくことで右記の要因への対応を図ろうとしている。

ＡＧＬに関しては、稲（品種）がもつ生育特性を最大限引き出す栽培方法および栽培作物に過剰な負荷をかけず、肥料・農薬は必要最小限に抑えることを心掛けている。このような栽培が可能となる背景には、阿蘇地域という立地条件もあるが、自身の経営で繁殖雌牛を飼養しており、ふん尿を堆肥化し水田へ還元することができることが大きな要因としてある。ＡＧＬでは、作物がもつ自然の生育能力を重視し、環境負荷低減を志向する低投入農法を目指した栽培方法を心掛けている。

4　「農匠ナビ1000プロジェクト」における稲作経営技術パッケージ

「農匠ナビ１０００プロジェクト」における「技術パッケージ」の意味するところは、「経営戦略からみて最適な技術の組み合わせ」である。すなわち、水稲経営に必要な技術全般を「技術パッケージ」の対象としている。技術が意図された成果を上げるためには、一般に技術を使いこなせる作業者のノウハウや技能が必要である。このため、技術パッケージは、技術とともに、可視化されたノウハウや技能も対象としている。こうした技術の中には、水稲栽培技術だけでなく、生産管理や経営管理に関わる技術も含まれるため、これらを総合的に体系化した大規模稲作経営技術パッケージとすることで、大規模経営が生産コストを低減させつつ、高収量高品質を維持することが可能になる。以下では、南石（２０１６）および南石・長命［編著］（２０１６）を要約する形で各法人における技術パッケージの内容について述べていくこととしよう。

（１）稲作経営技術パッケージ概要

本節で述べる「農匠ナビ１０００」に参画した農業生産法人４社の技術パッケージは左記のように示すことができる。

①高収量１５０㌶超稲作複合経営（野菜）技術パッケージ
②機械体系１セットによる１００㌶超稲作経営技術パッケージ
③高収益低コスト稲作複合経営（加工）技術パッケージ
④低コスト稲作複合経営（畜産）技術パッケージ

紙幅の都合で、すべての技術パッケージの詳細について言及することはできないが、例えば「②機械体系１セットによる１００㌶超稲作経営技術パッケージ」では、圃場集積・団地化・大区画化（平均33㌃、最大２㌶）、多品種・作期分散（２か月半）、農作業専門化などにより、田植機・コンバイン各１台で１００㌶超の作付けを可能にし、機械・施設の稼働率向上や生産コスト低減を実現している。また、「③高収益低コスト稲作複合経営（加工）技術パッケージ」では周密な施肥・水管理、「への字」栽培、刈り取りロス低減などにより、高収量（全圃場品種平均５９０㌕）と低コストの両立を実現している。

このように各経営の最適な技術パッケージは異なるが、「農地集積・大区画化」から始まり、「生産計画（作付計画）」「栽培管理・作業管理」「収穫、乾燥・調製、販売」といった農作業の時間軸にそって整理・体系化すると、図１のように要約できる。これら技術パッケージを参考に、各地域の立地条件と経営戦略に合致した個々の技術を最適な組み合わせにして、対象経営の技術パッケージを構築・実践することでコスト低減が実現

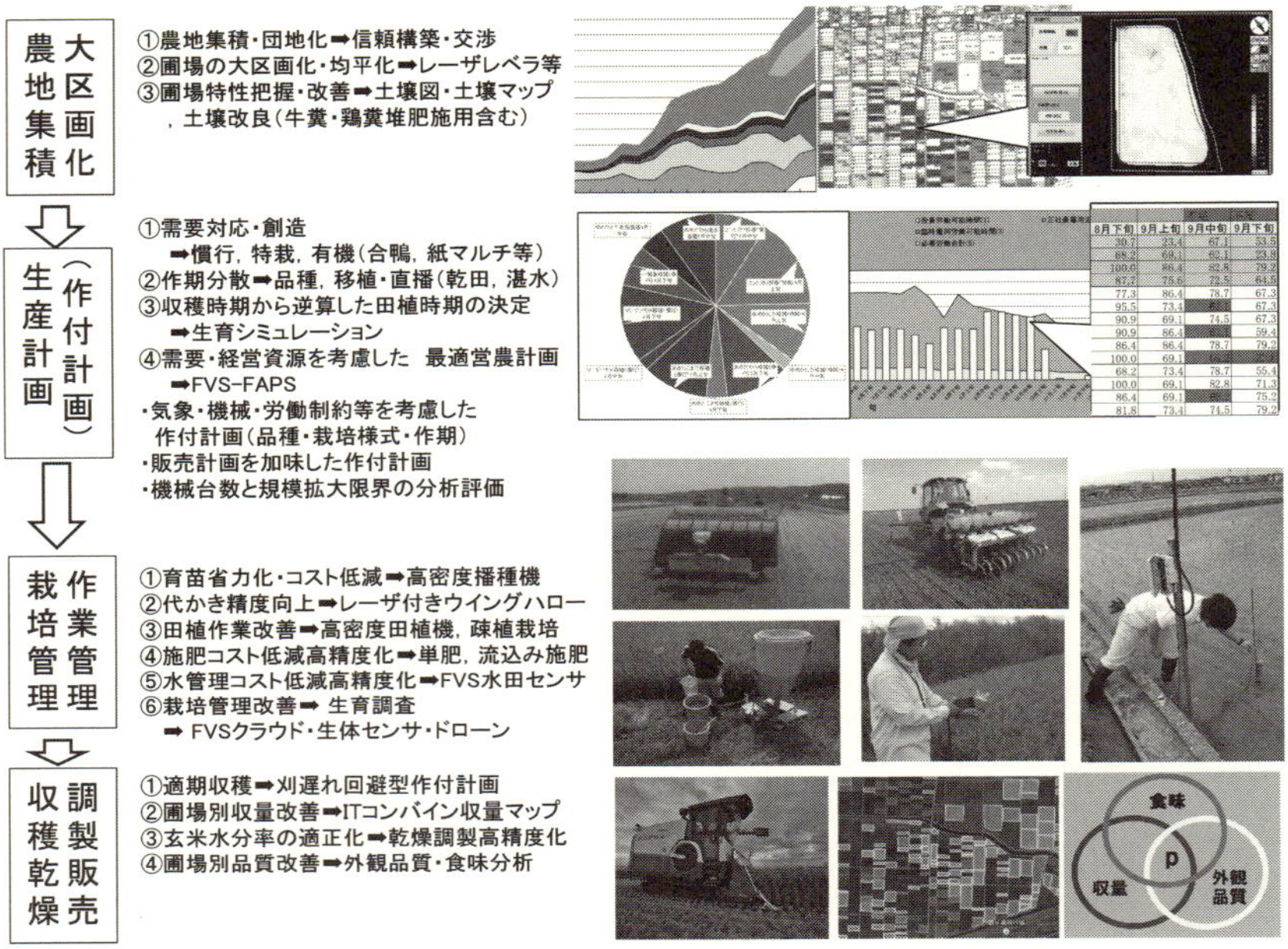

図1　大規模稲作経営技術パッケージのイメージ
出典：南石（2016）15頁より転載。

できる。

(2) 稲作経営技術パッケージの生産費低減効果

「農匠ナビ1000」の技術パッケージにより、生産費玄米1キログラム150円と収益率2倍を達成する稲作経営技術パッケージを開発し、研究目標を達成することができた。これにより、全国平均生産費に比較し42％のコスト低減が可能になり、「現状全国平均比4割削減」を実現する生産技術体系が明らかになった。30ヘクタール規模も100ヘクタール超規模も、全国15ヘクタール以上の生産費に比べ2～3割のコスト低減が期待できる。また、実践で用いることが可能な要素技術を組み合わせることにより、さらなる生産コストの低減（技術導入費用を考慮済み）が可能であることも明らかにした。例えば、高密度育苗栽培技術を導入することで、玄米1キログラム当たりの生産費5.8円削減が、流し込み施肥技術の導入では1.1円の削減が、土壌分析・単肥施肥を導入した場合1.9円の削減が可能となる。これらの実践要素技術のいくつかは、平成28年から実用化・商品化がなされている。さらに、「営農可視化システムFVS水田センサ」による水管理省力化により労働時間が約5割減、「FVS農作業映像コンテンツ」を用いた場合、熟練者で1割、初心者で5割の作業時間削減効果がみられた(1)。また、苗箱施肥によるコスト低減、ICTを活用した圃場均平化や飽水管理による収量向上等の効果も確認された。これらの要素技術の実用化も進んでおり、実証導入段階にある。

5　まとめと今後の展開

本章では、「攻めの農業」が期待されている稲作経営における現状および今後の展開を明らかにするために「農匠ナビ1000プロジェクト」を事例として取り上げ、プロジェクトの概要を紹介するとともに、プロジェクトに参画している大規模稲作農業生産法人4社の経営概況や経営目的についての検討をおこなった。さらに、プロジェクトの研究成果の一つでもある各法人における稲作技術パッケージを示し、生産費低減効果について言及してきた。

本研究プロジェクトの特徴は、農業技術を利用する農業経営が共同研究機関として参画する研究開発実践モデルを構想した点にある。言い換えると、農業経営が必要とする農業技術の研究開発を、農業経営が主導し、民間企業、国公立研究機関、大学と共同して実施し、自らが導入・実践する体制・形態をめざしたものであり、こうした研究開発実用化モデルは、マーケットイン型の農業技術開発実践モデルといえる。この点は、従来型の直線的な研究開発普及モデル（プロダクトアウト型モデル）とは大きく異なっている（南石２０１６）。

以上に示したプロジェクトの研究成果は、先進農業経営者との共同研究によって達成されたものであり、現実妥当性や実践性を有していると考える。今後は、本研究成果の全国的普及をいかに図っていくかが、重要な課題であるといえる。その時、重要な点としては、地域や経営規模によって、導入可能な作付体系や栽培技術は異なるということである。それゆえ、全国の多様な地域・稲作経営を対象に、農匠ナビ１０００の研究成果を取り入れ、生産コスト低減・収量向上・省力化の有効性・効果を実証していくことが求められる。

そこで平成28年度より、本章で述べた研究成果をもとに、新たなプロジェクト研究（研究プロジェクト名：農匠稲作経営技術パッケージを活用したスマート水田農業モデルの全国実証と農匠プラットフォーム構築（研究代表者：南石晃明）を開始した。具体的には、大きく以下の2点に焦点を当てた研究実施を想定している。第一に、水田センサ・ＩＴ農機・ＵＡＶ（ドローン）・流込施肥・高密度育苗・直播等を組み合わせた農匠稲作経営技術パッケージによる省力低コスト高収量生産技術体系の確立のため、共同研究機関である茨城県・福岡県に加えて、協力機関として全農とも連携し全国的な地域実証試験をおこない、経営立地・戦略に最適な技術パッケージを明らかにすることである。第二に、農業経営者の視点から圃場環境・生育状態・農作業等各種情報の統合可視化解析支援をおこなう次世代生産管理情報基盤（農匠プラットフォーム）の開発実証をおこなうことである。

［付記］本研究「農匠稲作経営技術パッケージを活用したスマート水田農業モデルの全国実証と農匠プラットフォーム構築」（研究代表者：南石晃明）は、農林水産省予算より国立研究開発法人農業・食品産業技術総合研究機構生物系特定産業技術研究支援センターが実施する「革新的技術開発・緊急展開事業（うち地域戦略プロジェクト）」の一環としておこなわれたものである。詳しくは以下のＵＲＬ（南石ら、２０１６ａ）を参照されたい。
http://www.agr.kyushu-u.ac.jp/lab/keiei/NoshoNavi/NoshoNavi1000/index.html

注

（1）「ＦＶＳ水田センサ」および「ＦＶＳ農作業映像コンテンツ」の詳細については南石ら（２０１６ｂ）を参照のこと。

引用文献

小田滋晃・長命洋佑・川﨑訓昭［編著］（２０１３）『農業経営の未来戦略Ⅰ　動きはじめた「農企業」』昭和堂、２４４頁

長命洋佑・南石晃明（２０１６）「大規模稲作経営の経営戦略と革新」南石晃明・長命洋佑・松江勇次［編著］『ＴＰＰ時代の稲作経営革新とスマート農業――営農技術パッケージとＩＣＴ活用』養賢堂、24～39頁

内閣府（２０１４）「「日本再興戦略」改訂２０１４――未来への挑戦」https://www.kantei.go.jp/jp/singi/keizaisaisei/pdf/honbun2JP.pdf（２０１６年6月30日参照）

南石晃明（２０１１）『農業におけるリスクと情報のマネジメント』農林統計出版、４４８頁

南石晃明・飯國芳明・土田志郎［編著］（２０１４）『農業革新と人材育成システム』農林統計協会、３９１頁

南石晃明・藤井吉隆［編著］（２０１５）『農業新時代の技術・技能伝承――ＩＣＴによる営農可視化と人材育成』農林統計出版、２５１頁

南石晃明（２０１６）「大規模稲作経営革新と技術パッケージ――ＩＣＴ・生産技術・経営技術の融合」南石晃明・長命洋佑・松江勇次［編著］『ＴＰＰ時代の稲作経営革新とスマート農業――営農技術パッケージとＩＣＴ活用』養賢堂、２～22頁

南石晃明ら（２０１６ａ）農林水産省緊急展開事業「農業生産法人が実践するスマート水田農業モデル」（農匠ナビ１０００）プロジェクト公式ウェブサイト http://www.agr.kyushu-u.ac.jp/lab/keiei/NoshoNavi/NoshoNavi1000/index.html（２０１６年7月25日参照）

南石晃明ら（２０１６ｂ）「営農可視化システムＦＶＳによる生産管理技術の革新」南石晃明・長命洋佑・松江勇次［編著］『ＴＰＰ時代の稲作経営革新とスマート農業――営農技術パッケージとＩＣＴ活用』養賢堂、１６４～１９７頁

南石晃明・長命洋佑［編著］（２０１６）農匠ナビ１０００公開シンポジウム「ＴＰＰ時代の稲作経営革新とスマート農業――営農技術パッケージとＩＣＴ活用」報告要旨、九州大学大学院農学研究院農業経営学研究室

農林水産省（２０１５）農業経営統計調査「平成26年産米生産費」http://www.maff.go.jp/j/tokei/sokuhou/seisanhi_kome_14/（２０１６年5月30日参照）

第6章 「農林漁業成長産業化ファンド」の今——A-FIVE設立4年目を迎えて

由井照人

1 はじめに

2016年7月、A-FIVEの出資決定案件数が99件となった。官民ファンドとしての会社設立が2013年1月、出資決定1号案件が2013年9月である。出資決定額は、サブファンド出資と直接出資合計で75億7700万円、97件のサブファンド出資決定額は総額で60億6000万円、1件当たり平均6200万円（最少額3000万円、最大額2億6000万円）、直接出資決定額は2件で総額15億1000万円、それぞれ10億1000万円と5億円である。設立4年目を迎え、これからは出資案件の組成に加え既出資先事業者への経営支援が本格化するステージを迎える。A-FIVEの今を報告しファンドの仕組みを紹介することで、これを機会に「農林漁業成長産業化ファンド」を理解していただきたく筆を執る次第である。

なお、A-FIVEの出資方法には、サブファンドを経由した間接出資とA-FIVEによる直接出資・融資があるが、ここではサブファンドを経由した間接出資を中心に述べることとしたい。第3節で詳述するが、サブファンドとは、6次産業化事業体に出資・支援する目的で地域金融機関等が中心となって設立し、そこにA-FIVEが国等の資金を出資する形の投資ファンドで全国に51ある。本文は筆者の私見であり、A-FIVEの見解ではないことをあらかじめお断りしておく。

2　A-FIVEとは

A-FIVEの正式名称は、農林漁業成長産業化支援機構といういささか長い名称である。このため、英文名（Agriculture, forestry and fisheries Fund corporation for Innovation, Value-chain and Expansion Japan）の略称でA-FIVEと呼ばれることが多い。

A-FIVEの根拠法は、「株式会社農林漁業成長産業化支援機構法」（2012年12月3日施行）といい、「農林漁業者が主体となって、新商品の開発、新たな販売方式の導入、新役務の開発、再生可能エネルギーの開発等を行い、国内外における新たな事業分野を開拓する事業活動等に対し、資金供給等の支援を行うことを目的として設立」された官民ファンドである。A-FIVEは官民ファンドとして6次産業化事業体に対し、サブファンドを経由した間接出資や、A-FIVEによる直接出資・融資により支援をおこなう。

資本金は、319億円、内訳は国が300億円、民間が19億円である。民間は、カゴメ、ハウス食品グループ本社、味の素、キッコーマン、キユーピー、日清製粉といった大手食品会社、農林中央金庫、商工組合中央金庫、野村ホールディングス、明治安田生命、トヨタ自動車に参画いただいている。

従来型の農政は、「補助金」と「制度金融」が政策の柱であり、どちらかというと「守り」の色彩が強かったように思えるが、「出資」という政策手段の導入で「攻め」の姿勢を打ち出したことはもっと評価されていいのではないか。「農林漁業をビジネスとして再構築する」という姿勢で官がリスクマネーを供給し、従来、農林漁業には疎遠であった民間資金の「呼び水効果」を演出している。出資先事業者には、「出資して」、「成長して」、「儲けてもらって」、「国に返していただく」。「利益を上げ」、「雇用を増やし」、「地域振興に」ひと役もふた役も買って出ていただくのである。

一方で、Ａ－ＦＩＶＥには、官民ファンドとしての政策目的を実現しつつ、長期的なリターンを確保することが求められる。すなわち「政策性」と「収益性」の双方の実現である。

サブファンドと連携した案件の組成をおこなうと同時に、既に事業を開始している既出資先事業者に対するモニタリングと経営支援とのＰＤＣＡサイクルを日常的に運営することにより既出資先事業者の成長を支援し、その集合体である出資案件ポートフォリオのバリューアップをめざすことが求められる。今後、時間の経過とともに業務に占める経営支援のウエイトが高まっていくことが容易に想像される。既出資事業者に対する経営支援をＡ－ＦＩＶＥとしてもサブファンドと協力しておこなっていく。

3　サブファンドについて

サブファンドは、地域金融機関を中心に51ファンドが設立され、地域的にはほぼ全国を網羅している。１ファンドの規模は、最小額で2億円、最大額で１００億円である。

設立形態は多様化しており、地域金融機関が単独で設立したファンド、複数の地域金融機関が共同で設立したファンド、地域金融機関と地方公共団体が共同で設立したファンド、地域金融機関とJA信農連が共同で設立したファンド、地域金融機関とメガバンクが連携して設立したファンドが地域ファンドとしておよその道府県域をカバーし、JAグループやメガバンクが単独で設立したファンドが全国域をカバーしている。また、テーマファンドとして民間企業が単独で設立したファンドもある。したがって、地域ファンドによってカバーされていない都府県域の事業者も、いずれかのサブファンドを利用することが可能となっている。いずれのファンドにもA－FIVEは50％出資している。

案件組成において、サブファンドが出資申込の窓口となり案件発掘と審査をおこない、A－FIVEが政策性を含めた精査をおこなう。案件発掘は、サブファンドに負うところが大きく、この点でA－FIVEは受け身の立場である。同時に、既出資先事業者に対するモニタリングと経営支援もサブファンドの重要な役割である。サブファンドとは、定例の電話会議等を通じて日常的に出資先の経営状況把握や案件発掘の共有化を図っているほか、年に1回サブファンドミーティングと称する全体会議を開催している。

4　具体的な出資案件について

出資案件は、47都道府県中38都道府県において組成されており、地域別件数ベースでは九州・沖縄23件、関東（含む長野県）22件、東北、中国10件、北海道が9件と続く。地域別金額ベースでは、九州・沖縄の25・8億円を筆頭に以下、関東（含む長野県）14・3億円、北海道7.8億円、中国6.5億円、東北6.1億円と続く（関東に長野県が含まれるのは、農政局の管轄を基準においているため。また、九州・沖縄と関東の出資金額が突出して見えるのは、それぞれ直接出資10億円、5億円を含むためと考えられる）。生産物別件数でみると、園芸等33件、畜産25件、水産13件、米穀11件、果物10件、林産7件となっている。業種では重複があるが、外食31件、輸出関連13件、カット野菜6件、ワイン醸造6件等である。産地リレーによる野菜の通年出荷、従来破棄されてきた規格外の端物野菜を活用した冷凍加工事業、コメの輸出、観光農場やオーベルジュ事業、大規模畜産の家畜糞尿を活用したバイオマス発電事業等、多岐多様にわたる6次化事業の展開が見られる。紙面の関係で全案件を紹介できないが詳細は表の出資案件を参照いただきたい。

5　農林漁業成長産業化ファンドによる出資の仕組み

- 地域金融機関等が中心となってサブファンドを設立し、A-FIVEはサブファンドに出資する。出資比率は地域金融機関等とA-FIVEとで50％ずつである。
- サブファンドの出資（支援）対象事業者は、農林漁業者と2次3次産業の事業者（6次産業化パートナー企業）が連携し共同出資する「6次産業化事業体」である。
- サブファンド出資（支援）後の「6次産業化事業体」の出資比率は、農林漁業者が25％以上、6次産業化パートナー企業が25％以下、サブファンドが50％以下である。

ここで、農林漁業者と6次産業化パートナー企業の出資比率を、農林漁業者が25％以上、6次産業化パート

（93 頁より続き）

事業者名	サブファンド（SF）の主な出資者	SF の出資決定額（単位：百万円）	事業内容
（株）食縁（和歌山県新宮市）	紀陽銀行	SF 134.9 出資総額 269.8	全国各地の鰤（ブリ）の養殖漁業者が種苗改良育成技術を持つ大学発ベンチャー企業とともに、新たな加工技術や海外に販路を持つパートナーと連携し、鰤を中心とした養殖魚をフィレ加工し、国内外に販売していく事業
（株）ビナン食販（岡山県総社市）	トマト銀行	SF10 出資総額 20	岡山県のキクラゲ生産者が、大手外食チェーン等への新たな販路拡大により、生産から加工・販売へと繋がるバリューチェーンを形成することで、キクラゲの付加価値向上を目指す事業
広島アグリフードサービス（株）（広島県広島市）	広島銀行	SF200 出資総額 400	広島県の米・野菜生産者が、地域生産者と連携して供給する農産物を、パートナーの開発・加工ノウハウを活用し、学校給食及び病院・企業の食堂運営受託、高齢者施設への惣菜販売を展開することで、農産物の付加価値向上を目指す事業
（株）佐田岬の鬼（愛媛県松山市）	伊予銀行	SF75 出資総額 150	しらすの漁業者が量販店・外食店の需要に応じた付加価値の高い手法によるしらすの加工をおこない、販売を全国に拡張していく事業
（株）峰松酒造場（佐賀県鹿島市）	佐賀銀行	SF14.8 出資総額 29.8	佐賀県の米生産者が、地元産の米を原材料とした日本酒の醸造や米菓の製造に取り組み、パートナーの持つ製造ノウハウ、販路を活用して販売拡大することで原材料の付加価値の向上を目指す事業
（株）熊本玄米研究所（熊本県大津町）	肥後銀行	SF130 出資総額 260	熊本県の一次事業者が、農研機構が開発した新品種の新規需要米（玄米）から新しい技術（玄米ペースト）による製パン及び製麺加工をおこない、販売及び卸売（学校給食・病院向け）をおこなう事業
（株）ビースマイルプロジェクト（鹿児島県鹿児島市）	A-FIVE、鹿児島銀行、肥後銀行、福岡銀行、三井住友銀行	A-FIVE1,001 SF250 出資総額 2,502	鹿児島県を中心とする南九州の畜産事業者が、パートナーである商社、飼料製造会社、食品製造会社等のノウハウを活用して、エサ作りから繁殖、肥育まで一貫生産した黒毛和牛等を提供する外食事業等を拡大し、牛肉をはじめとした地域の農畜産物の付加価値向上を図りつつ、持続・発展可能な畜産経営の構築を目指す事業
（株）JFA（鹿児島県長島町）	JA グループ	SF35 出資総額 70	鹿児島県の漁業者団体がブリやタイをはじめとした水産物を用い、養殖場に併設した観光客向け外食店の運営や加工品の商品企画開発・仕入れ販売をおこなうことにより、水産物の付加価値向上を目指す事業
沖縄栽培水産（株）（沖縄県与那国町）	西日本シティ銀行	SF40 出資総額 80	新しい技術を沖縄県与那国島に導入することにより、高品質な車えびの周年販売を実現し、大口需要者の開拓等を通じて大消費地に販売チャネルを拡大する事業

注：無議決権株式を含む。

表　A-FIVE 出資案件について（抜粋）（2016 年 7 月 13 日現在）

事業者名	サブファンド（SF）の主な出資者	SF の出資決定額（単位：百万円）	事業内容
（株）御影バイオエナジー（北海道清水町）	北海道銀行	SF100 出資総額 220	清水町の畜産農家等の家畜排せつ物を原料とし発電・売電をおこない、併せて発電工程で生成される液肥の販売をおこなうことで、従来付加価値を生んでいなかった家畜排せつ物の有効活用を図り、畜産農家の所得向上を目指す事業
美瑛ファーマーズマーケット（株）（北海道美瑛町）	北洋銀行	SF66.6 出資総額 133.3	北海道美瑛町の和牛・乳牛肥育農家が、自ら生産した「びえい和牛」をはじめとした町内産農畜産物を用いた料理を提供するオーベルジュ（宿泊施設付レストラン）及びデリカテッセンを展開することで、農畜産物の付加価値向上を目指す事業
（株）エヌ・ケー・エフ（宮城県名取市）	荘内銀行	SF10 出資総額 20	東日本大震災で被災した宮城県の農業者が、周辺農業者と連携し、パートナーのネットワークを活用して需要に応じた野菜の集荷・販売事業を展開することにより、宮城県産野菜の付加価値向上を目指す事業
（株）ザファーム（千葉県香取市）	千葉銀行	SF45 出資総額 90	千葉県の野菜生産者が、農園リゾートを運営し、宿泊者に対して地域の農産物の料理を提供するとともに、農産物等の通信販売をすることで、農産物の付加価値向上と地域の活性化を目指す事業
（株）食の劇団（東京都千代田区）	A-FIVE	A-FIVE500 出資総額 1,000	国内の複数の生産者（農産、水産、畜産）が連携し、国内における輸出集荷機能と海外における飲食事業及び関連事業を有した会社を設立。単独では輸出困難な少量多品種の生産物の販路開拓と安定供給を実現し、生産物の付加価値向上と日本産農林水産物のブランドの構築を目指す
（株）新潟農商（新潟県新潟市）	第四銀行	SF100 出資総額 260 （注 1）	新潟県の米生産者が、地域生産者と連携し、先進営農機械化システム・直播技術等を活用して生産した新潟産の米を、近年需要が拡大傾向にあるアジア諸国を中心に輸出し、現地精米をすることで、販路拡大を目指す事業
日本ワイン農業研究所（株）（長野県東御市）	八十二銀行	SF68.1 出資総額 136.2	ぶどう・りんごの生産者と地元の生産者団体等が、長野県が推進する「千曲川ワインバレー」と連携し、ワイン及びシードルの醸造・販売をおこなう事業
（株）フレッシュベジ加工（長野県長野市）	八十二銀行	SF45 出資総額 90	長野県の農業者が、各地の農業者・JA や青果会社と連携して産地リレー体制を構築し、業務用や消費者向けカット野菜の製造・販売、青果品の販売をおこなう事業
（株）米心石川（石川県金沢市）	JA グループ	SF260 出資総額 520	農業者団体が出資する事業者が、組合員等が生産する石川県産米を使用した寿司加工品等の新商品開発や、直売施設を出店し、新販路を拡充し、新しい生産者との連携、付加価値の高い販売をおこなう事業
ミチナル（株）（岐阜県高山市）	十六銀行	SF90 出資総額 180	岐阜県高山市の野菜生産者が、飛騨地区産の未利用ほうれん草等を活用し、業務用加工品の製造・販売をおこなうことで、農畜産物の付加価値向上を目指す事業

（92 頁に続く）

ナー企業が25％以下と述べたが、後述する「六次産業化・地産地消法」により農林漁業者の出資比率を6次産業化パートナー企業の出資比率より多くするよう求められている。

すなわち「農林漁業者の主体性の確保」がこの制度のポイントとなっているのである。

6　総合化事業計画認定事業者について

また、6次産業化事業体が出資対象となるための要件として、「地域資源を活用した農林漁業者等による新事業の創出等及び地域の農林水産物の利用促進に関する法律（六次産業化・地産地消法）」にもとづく総合化事業計画の認定事業者になる必要がある。総合化事業計画の認定事業者になる認定要件として、

農林漁業者等が事業主体となり、（前述のとおり）

- 自らが生産した農林水産物等を原材料とした新商品の開発、生産又は需要の開拓
- 自らが生産した農林水産物等の新たな販売の方式の導入又は販売の方式の改善
- これらを行うために必要な生産の方式の改善

のいずれかに該当し、

- 農林水産物等及び新商品の売上高が5年間で5％以上増加すること

●農林漁業及び関連事業の所得が、事業開始時から終了時までに向上し、終了年度は黒字となることの両方を満たす計画期間が5年以内の計画である必要がある。

２０１６年7月現在、全国の６次産業化認定事業者は２１７８件である。

7　出資に至るまでの流れ

サブファンドが出資申込の窓口となり案件発掘と審査をおこない、A‐FIVEが政策性を含めた精査をおこなうことは、先に述べたとおりである。サブファンド全体で、濃淡はあるものの数百件の案件候補が控えているが、事業内容によって、適切な資金調達手段（融資がいいのか、出資がいいのか）を選別している。

融資は、その期間中、約定利息や元本償還の支払いが発生する。通常、個人保証のほか、信用力が不足すると見られると担保差し入れを求められ、事業性よりも信用力・担保力が重視される傾向がある。一般に、「6次産業化事業体」は、創業時において、約定利息や元本償還の支払い原資である売上が安定的でなく、担保に見合う十分な資産も保有していないこともあり、融資による資金調達には限界があると考えられる。

一方、当ファンド出資は、約定利息や元本償還はなく保証や担保もないかわりに、事業が収益を上げ、内部留保を蓄えて、将来自社株買いによりファンドの出資分を買い取っていただく。したがって、信用力よりも事業性が問われる。サブファンドやA‐FIVEにおいても新規事業に対しての事業性の審査・精査が慎重におこなわれる。

出資希望事業者がサブファンドに新規事業の提案書を提出してから、出資決定まで数か月かかることが見込まれている。提案書は、あらかじめひな型を用意しているが、その後に提出をお願いしている事業計画書には、敢えてひな型を用意していない。事業者の思いのままに作成していただいている。その方が、事業者の新規事業に対する思いなり考えなりが、より直接的にこちらに伝わってくるからである。

出資希望事業者から提案書の提出を受けたサブファンドは、事業性の他、財務、ガバナンスの是非を見極め、出資案件として見込める先に対し事業計画書の作成を依頼し、A-FIVEと電話会議等を通じて案件組成に向けて協議する。その間、A-FIVEは、サブファンドと同行して事業者訪問をおこなう他、マネジメント・インタビューと称する経営者との面談をおこなっている。A-FIVEにおける精査は、「適合性」、「政策性」、「事業性」、「公正性」の視点からおこない、これらを総合的に判断して結論を導く。正式にはA-FIVE内での検討会を経て、機構法で定められた成長産業化委員会に諮られ、農林水産大臣の総合化事業計画認定を待って決定となる。

8　出資後の経営支援について

出資案件が99件になるということは、99社の事業者が「生まれた」ということである。企業としての未来は、当初5年の創業時の成否に負うところが大きい。ベンチャー企業の起業で言われる3つの難所とされる、研究と開発の間＝「魔の川」、開発と事業化の間＝「死の谷」、事業化と産業化の間＝「ダーウィンの海」は、そのままこれから6次化を進める出資先事業者に当てはまるように思われる。特に「死の谷」とはサンプル・試作品を作るところまでは比較的順調に進むものの、本格的な売れる商品を作るまでに大きな谷——販売チャンネルや生産ラインの確保等——を乗り越えなければならないことを指す。

まずは、当初5年間で黒字化をめざし、そして次の5年間で内部留保を図り、内部留保でもって自社株買いによりサブファンドの出資分を買い戻して100％自分達の会社にする。まさに、「出資して」、「成長して」、「儲けてもらって」、「国に返していただく」。そのためにも、A-FIVEは出資した後もサブファンドと協力して出資先事業者の経営支援をおこなっていく。ファンドとは、出資して終わりではなく出資してからが始まりなのである。

A-FIVEの出資先事業者は、おそらく全国の農林漁業者から見れば先進的な事業者に入るであろうが、事業者単位でみればまだまだ起業間もない「これから」という企業が全国に点として散らばっている、という状態である。例えば、生産物を加工、販売するにしても、ようやく加工設備が完成したところで、販売するにもFCP（Food Communication Project）商談会シートの作成はこれから、といった事業者があるのも現実である。また、これら事業者にほぼ共通しているのは、多品種少量生産者ということである。

全国に散らばった多品種少量生産の出資先事業者が連携し、点から線へ、そして面へと事業の展開が期待できないだろうか。そういった思いから誕生したのが、直接出資案件である「食の劇団」である。A-FIVEの公表した事業内容には、「国内の複数の生産者（農産、水産、畜産）が連携し、国内における輸出集荷機能と海外における飲食事業及び関連事業を有した会社を設立。単独では輸出困難な少量多品種の生産物の販路開拓と安定供給を実現し、生産物の付加価値向上と日本産農林水産物のブランドの構築を目指す」とあり、全国から10を越える農業法人等の出資参加と複数社の有力パートナー企業の出資を得ている。今後の展開が注目されるところである。

また、ここで特筆されるのが、「食の劇団」の出資者である生産者が全国に分散しているだけでなく、農産、水産、畜産と業種も多様化し、参画したパートナー企業群も実はそれぞれ異業種ということである。全国に分散した生産者や異業種であるパートナー企業を結びつけるという官民ファンドとしての機能をＡ－ＦＩＶＥが発揮した一例といえる。

出資先事業者については、年に1回「経営者サミット」と称する会議を東京で開催し、全国から出資先の経営者の皆さんに参加いただいている。どの出資先事業者も、会社設立から間もない時期であり、名刺交換から始まり自己紹介、情報交換の時間を設ける等お互いのネットワーク作りに活用してもらっている。併せてテーマ別の分科会も開催し、今年は、特に経営者の皆さんの関心の強い「輸出」、「外食」、「商流、物流」の3テーマについて熱心に議論がなされた。経営者の皆さんには、自らの生産物に付加価値をつけ、価格形成権を自らの手に収めたい、という共通の思いがある。

9　6次産業化中央サポート事業について

Ａ－ＦＩＶＥは、農林水産省の補助事業である6次産業化中央サポートセンター事業を実施している。6次産業化中央サポートセンターは、「農林漁業者等の6次産業化の取組をきめ細かく支援する全国段階の機関で、農林漁業者等のニーズに応じて、加工や販路開拓、衛生管理、経営改善、輸出、異業種との連携などの多様な分野について、民間の専門家である6次産業化プランナーを派遣し、6次産業化の取組に対するアドバイスや事業計画策定支援などを無料で」おこなっている。

支援分野は多岐に渡り、申込書にある「依頼内容の分類」だけでも24項目が用意されている。6次産業化サポートセンターは、各都道府県と中央に設けられ、それぞれが連携し6次産業化プランナーによる経営支援をおこなっている。平成27年度の6次産業化プランナーの登録数は、都道府県サポートセンター780名、中央サポートセンター241名であり、同年度派遣実績は、都道府県サポートセンター6219件、中央サポートセンター1201件であった。6次化サポートセンターでは、面談や電話等を通じて農林漁業者等からの具体的な相談を聴いたうえで、「6次産業化プランナー」を選定・派遣し、支援をおこなっている。

6次産業化中央サポートセンターへの主な派遣依頼理由は、新商品の販路開拓、新商品企画、ブランディング、新商品の商品設計、が突出して多く、出口戦略（販売）のニーズが高いことがうかがえる。農林漁業者は、作る（獲る）のは得意だが売るのは苦手と言われてきたが、「いかに自分たちで付加価値をつけて売るか」、という課題に直面している、あるいは挑戦していると考えられる。

10　おわりに

以上、A-FIVEの現況やファンドの仕組みについて説明させていただいた。

6次産業化をめざす農林漁業者の皆さんが、「総合化事業計画認定事業者」となり、「農林漁業成長産業化ファンド」の出資を得、「6次産業化プランナー」を活用し、「利益を上げ」、「雇用を増やし」、「地域振興に」ひと役もふた役も買って出ていただきたく思う。そして、数年後には、起業した事業者の皆さんの成長産業化された姿を報告できるものと楽しみにしている。

参考文献

農林水産省ウェブサイト「６次産業化をめぐる情勢等について」
http://www.maff.go.jp/j/shokusan/renkei/6jika/2015_6jika_jyousei.html

農林水産省ウェブサイト「農林漁業者等による農林漁業及び関連事業の総合化並びに地域の農林水産物の利用の促進に関する基本方針」 http://www.maff.go.jp/j/shokusan/sanki/6jika/houritu/pdf/1-1.pdf

農林漁業成長産業化支援機構ウェブサイト「出資決定６次産業化事業体一覧（２０１６年７月13日）」
http://www.a-five-j.co.jp/pdf/matter_list.pdf

６次産業化中央サポートセンターウェブサイト「６次産業化中央サポートセンターとは」
http://www.6sapo-center.net/#towa

補章　農企業経営者にみるアントレプレナーシップ
――「農林中央金庫」次世代を担う農企業戦略論講座」シンポジウムより

1　本章の内容と構成

本章は、京都大学大学院農学研究科生物資源経済学専攻「「農林中央金庫」次世代を担う農企業戦略論講座」が２０１２年度から２０１４年度にかけて開催した第1回から第６回シンポジウムに続き、２０１５年の6月13日（第7回）と12月5日（第8回）に開催したシンポジウムにおいて、「アントレプレナー」をテーマにおこなったパネルディスカッションでの討論を編集したものである。各々の経営や事業の概要紹介に続く討論では、経営者の役割、経営者能力の育成におけるＪＡや行政機関の役割、多様な関係主体とのネットワーク、組織づくりや後継者の育成、消費者との関係づくりなどについて、会場からの質問への応えも含めてさかんに意見が出された。

なお、第7回のパネルディスカッションでは、るシオールファーム（滋賀県）の今井敏氏、阪急泉南グリーンファーム（大阪府）の島田晋作氏、博農（兵庫県）の八木隆博氏、甲賀農業協同組合の山中茂男氏をお招きした。第8回のパネルディスカッションでは、黄金の村（徳島県）の神代晃滋氏、伊賀市役所（三重県）の小林康志氏、JAわかやま（和歌山県）の坂東紀好氏、吉田農園（群馬県）の吉田智晃氏をお招きした。

各パネリストの略歴と経営概要を各節に収録したので参照されたい。第7回、第8回ともパネルディスカッションの進行は京都大学大学院農学研究科の坂本清彦と川﨑訓昭が務めた。本章における参加者の肩書きはシンポジウム開催時のものである。

第7回 シンポジウム・パネルディスカッション概要

日　時：平成27年6月13日（土）13：00～17：00

●13：00～13：20　開会挨拶

●13：20～14：30　基調講演

基調講演1　京都大学大学院農学研究科 教授　小田滋晃

「農企業・アントレプレナーが魅せる地域農業
――農業協同組合の役割に焦点をあてて」

基調講演2　農林中金総合研究所　主席研究員　室屋有宏

「協働的アントレプレナーシップと六次産業化
――地域のつながりを再創造する視点」

●14：30～17：00　パネルディスカッション

「地域を起こし、拓き、駆けるアントレプレナーたち」

パネリスト（氏名50音順）

るシオールファーム（滋賀県）	今井　敏
阪急泉南グリーンファーム（大阪府）	島田晋作
農業生産法人株式会社博農（兵庫県）	八木隆博
甲賀農業協同組合（滋賀県）	山中茂男

コーディネーター　京都大学大学院農学研究科　坂本清彦・川﨑訓昭

2　地域を起こし、拓き、駆けるアントレプレナーたち

今井　滋賀県の甲賀市から来た、有限会社るシオールファームと有限会社共同ファームの代表取締役の今井敏です。るシオールファームでは、水稲・果樹・露地野菜・施設野菜・花きを作っています。経営面積は今現在102㌶です。共同ファームは、小麦100と大豆70㌶、小麦の作業請負が約120㌶、大豆の作業請負が250㌶、あと、無人ヘリによる防除1000㌶おこなっています。

島田　大阪府の泉南市から来た、有限会社阪急泉南グリーンファームの島田です。取締役流通農業部長を務めています。私どもの会社、設立から13年とまだ短い会社ですが、ベビーリーフ・水菜・グリーンリーフ等の葉物野菜を中心に栽培しています。

八木　兵庫県たつの市から来た、農業生産法人株式会社博農の八木です。主ににんじん・大根の根菜類を中心に、季節野菜、年間31品目を栽培し、幅広くいろいろな野菜を作っています。

山中　忍びの里の甲賀から来た、JAこうかの山中です。「忍野菜」とい

写真１　第７回シンポジウムの様子

（有）るシオールファーム
代表取締役
今井《いまい》　敏《さとし》

有限会社るシオールファーム及び有限会社共同ファーム　代表取締役。
両社とも100㌶を超える経営である。（有）るシオールファームは、水稲を主体とした野菜・果樹・花卉・加工を取り入れた複合経営で、6次産業化にも積極的に取り組む。平均年齢47歳。自社収穫の玉ねぎを使ったドレッシングは2015年にモンドセレクション金賞を受賞、ロサンゼルスへの輸出も開始し、さらなる攻めの農業をめざす。
（有）共同ファームは小麦・大豆を主体とした法人で、市内の大型農家6軒で構成されている。平均年齢40歳。小麦100㌶・大豆70㌶の栽培に加え、小麦120㌶の収穫作業請負、大豆250㌶の収穫作業請負。作業範囲は市域、県域を越え三重、愛知にも及ぶ。

うブランドで、地域を盛り上げようとする取り組みをご紹介させていただきます。

進行　今日お越しいただいた方は、個人であれ組織であれ、新しいことを次々に展開され、おもしろいことをされています。販売先と資金を確保する信用力、あとは生産や加工の周年化という2点について、これまでどう苦労されてこられたのか、一番売りにしているところはどこなのか、お話しください。

ヒットした玉ねぎドレッシング

今井　僕は非農家出身ですが、親方が厳しかったおかげでこのような機会をいただけるまでに育ててもらえ、感謝しています。平成20年にるシオールファームの社長になったときに、直接売っていくかたちに変えていこうということで、方向転換しました。

当時は、自社の米の90%をJAや商社に卸す販売でした。それが今では、お客様に頭を下げて、買っていただくというかたちで、それがゴールになりつつあります。

野菜のほうは、大規模で単一の品種を作っていましたが、少量多品目に切り替え、直売所を持ちました。今では、直売所で日額10万円くらいの売上があります。

直売所では、土地を貸してくださる腰が折れて曲がったおじいさん・おばあさんも、僕にとったらお客さんです。これまで自分の圃場を愛しんで管理されていた圃場を我々が預かるわけです。そこで年に一回だけですが、土地代を持っていくときに、「これ、おじいさん・おばあさんの借りた田んぼでとれた玉ねぎで作ったドレッシングやで」という意味で、ドレッシングを作りました。

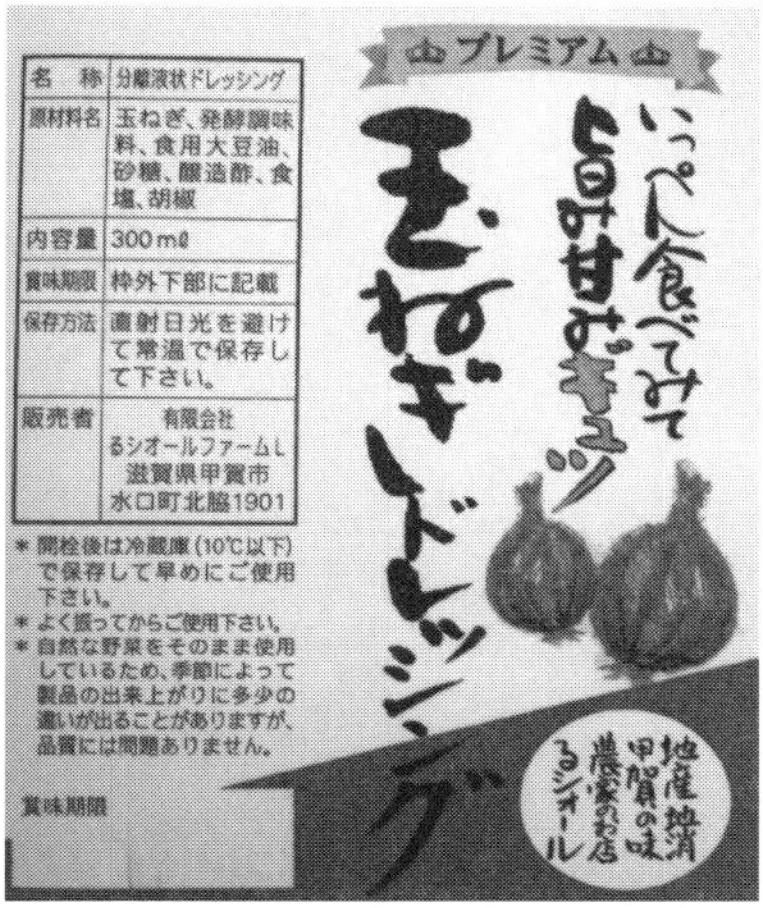

写真２　人気の玉ねぎドレッシングのラベル

お年寄りはドレッシングを買うことはほとんどないと思いますが、自分の田畑でとれた野菜でつくったとなると「美味しいやないか」と思ってもらえると考えたからです。それが消費者にもウケまして、このたびロサンゼルスへの出荷が決まりました。さらに、今年のモンドセレクションの金賞もいただきました。

僕は今47歳で、お米は年に1回しかとれないので、あと13回お米をとったら、60歳になります。「農業とは地域密着なので、地域の皆様に認めてもらわなければならない」とこの年齢になって考えるようになりました。

農家が普段当たり前に食べているものを、今や土地持ち非農家と呼ばれるお年寄りの方も食べていない。そういった食材を提供するレストランを作るのが、食に携わる農家の夢だと思っています。また、地域と一体になって、もう一度、自分の町を盛り上げていきたいです。

私の水口町は、新名神が通ってインターチェンジが3つもあるのに、インバウンドが広がらないのが実情です。京阪神からうちの町まで、1時間もかからないため、大変都市と近い立地条件にあるものの、自分の町の個性が出ていないと思います。大阪から来た日帰りのお客様がゆっくりと地域の食材を食べて「美味しかったなぁ」と言って帰ってもらえるような施設を、これから作りたいです。

安定価格の追求をめざす

島田　弊社は、エイチ・ツー・オー リテイリンググループ阪急百貨店の子会社としてスタートしました。資金は、親会社から多くの支援を受け、事業をおこなってきています。販売に関しては、ニーズのあるものを作らなければなりません。美味しいトマトを作る技術があっても、それが売れなければ何の意味にもならない。求められている品質・量・価格で、生産しなければならないと取り組んできました。今は完全に葉物野菜に絞りましたが、数年前までは夏イチゴの栽培など、いろいろなことに取り組んできて、この2～3年で絞りこみました。

　今、進めている経営方針は、安定価格の追求です。相場で１０００円だったところが５０００円となったとしても、１０００円で常に出荷をする、切らさず出荷をする。安定価格・安定出荷というところに、執念を燃やし進めてきました。この1、2か月前、天候不順で日本中で葉物から何から何までなくなったのですが、そのときも安定価格で出荷しました。そうしていくことを2～3

(有) 阪急泉南グリーンファーム
取締役部長
島田《しまだ》　晋作《しんさく》

阪急百貨店向けの商品を栽培する自前生産からスタート。今では、自前生産、流通、加工、集荷所運営の４部門で成り立っている。
　ニーズのある商品を、安定価格、安定出荷で生産するべく自社農場の拡大、グループ農場の拡大に取り組んできた。今では、自社農場も大阪だけでなく、奈良にも拡大し、さらなる安定生産をめざしている。

年続けることで、信用を勝ち取ることができてきました。今は逆に一気に野菜が溢れかえっている時期になりましたが、出荷量を増やすことができました。

取引先に関しても、昔50社あったとすれば、今は25社くらいまで絞りました。1社の枠をどんどん増やしていく、というかたちで取り組んでいます。

農家との信頼関係を築くには

進行　八木さんにも経営のなかでの信頼・信用を獲得するために、これまでどのようなご苦労されてこられたのかについて、販売と資金面という二つの面から少しお話いただければと思います。

八木　信頼してもらうには、何をしたから信頼を得たということではないと思います。農家は基本的に、あまり約束を守りません。例えば、「いついつになんとかの野菜頼むで!」と言っても、頼まれた農家は忘れるのではなく、1円でも価格の高いほうに出荷してしまいます。信頼もあって、信用もあるからこそ、企業というものはやっていけると思います。

資金としては、自己資金もありますし、借り入れもあります。でも、身の丈に合う経営をめざしていますので、どういう資金を借りるにしても、5年で返済できない資

（株）博農
代表取締役
八木《やぎ》　隆博《たかひろ》

兵庫県たつの市御津町の干拓地「成山新田」で大根、人参、季節野菜など年間を通し栽培している。

近年は取引先のニーズに対応した野菜栽培に取り組み、調理方法や加工方法に適した品種などを提案し、販路拡大につなげている。

また、6次産業化での総合化事業計画の認定を受け、栽培技術にこだわり育てた糖度13%以上の人参で6次産業化を進める一方、農林水産大臣任命の「ボランタリー・プランナー」として県内での若手農家への支援及び情報発信をおこなう。

甲賀農業協同組合
営農経済部長
山中《やまなか》　茂男《しげお》

農業を取り巻く環境は、年々大きく変化している。国の農政基調はめまぐるしく変動し、加えてグローバル化の波は経済だけではなく農業にも押し寄せている。このような状況のなか、我がＪＡでは豊かな大地と地の利を活かし、農業者にとっては夢とやりがいがある農業づくり、地域の人々に必要とされる組織をめざす。
農産物には作る人の物語があり、食事には食べる人の会話がある――この物語と会話の橋渡しの仕組み（プラットホーム）をＪＡが提供し、利用していただくことで、食と農による夢のある地域農業づくりに取り組む。

金は借りないようにしています。

進行　山中さんに、事業をされておられるなかで、農業者の方を束ねていく難しさについてお話しいただけますか。

山中　今は、良い仕組みがあれば利用していただける、高く売るのであれば農協に出荷するという時代です。協同組合だからＪＡへ出荷しないといけない、というのは少し前の時代です。資金においても、ご利用いただける必要な資金を提供するという考え方です。農業者を無理に束ねるというのではなくて、少しでもご利用をしていただける方法を考えています。

経営の規模と報酬の関係は

進行　経営者の皆さんは自身の労働をきちんと評価され、報酬として受け取っておられると思います。経営の規模などがどのようになった時点で自分や家族の労働をきちんと報酬として受け取るようになったのかを、お聞かせください。

今井　共同ファームは、役員報酬と時間給があります。また、るシオールの機械を使うときには、その費用をいただいています。それは必要経費ですので、借金してでも別人格ですので払わなければならないと考えています。自分たちのやり方が正しかったら、必ず報酬として生まれるはずなので、それを報酬としていただくというかたちで、おこなっています。

農業経営の現場は3Kで、スタッフの皆さんには毎日汗だくになって頑張ってもらっています。うちの35歳の番頭には、給料は50万円くらい払っています。人様よりも頑張ってもらっていると思うので、十分な給料を払うことも僕の仕事かと思っています。

質問とは違うかもしれませんけども、最近20代のスタッフから「賃金よりも時間が欲しい」と言われ、比較的うちでは農閑期はないのですが、穏やかに過ごせる月は、順番に土日休みをとってもらうようなシフトを組んでいます。

八木　個人と会社とでは、給与形態が変わります。農家の場合、個人は全体の半分以上ありますが、ほとんどどんぶり勘定だと思います。うちの親もたぶんそうでした。親は専業ではなく兼業だったので、共同出荷して「今年の野菜、値が良かったらいいね」などと言いながら、作付けをしていたと思います。値が良ければ、その分家族でちょっと良い生活をしようかとか。

でも、会社になると、来年のいつ頃にこれくらいのお金が必要だとか、来月もこれくらいのお金が必要だという税務的な数値が必ず出てきます。欲しいものがあったらこれを買おうとか、そういうことをしていると、ダメです。うちは、給料を見据えてやっています。

親会社との関係

進行　視点を変えて、島田さんに、販売上の取引も含めて、親会社との関係についてをお聞かせください。

島田　弊社では、当初の投資に関しましては、親会社から支援をいただくかたちですすめました。収益に関しては独立採算制をとっています。販売に関しても、当初は阪急百貨店に出荷していましたが、今では外部が4、阪急グループ内が6くらいまで割合は移行しています。その理由は、小売り向けの野菜は、規格重視になってしまうからです。水菜であれば35センチメートルと言われたら、30センチメートルから37センチメートル以内の水菜をパックして出さないといけないのですが、その長さで収穫できる期間は多分2、3日でしかありません。それを過ぎてしまうと、商品として成り立たなくなります。

また、小売業が下降線をたどっているということと、百貨店業界もとびぬけて右肩上がりではないというところがあります。今後10～20年を見据えて小売業に突っ走っても先はないという判断で、外部へ出荷させていただいています。現状で言えば、全て発注制になりましたので、弊社が好きなだけ作って好きなだけ販売できるというかたちでは一切ありません。

進行　山中さんには、「忍」のシリーズを作られたときの、農家の方々の反応をお聞きしたいです。

ブランド野菜「忍《しのび》」シリーズの誕生

山中　発端は、平成18年に飛び込みで地元の野菜を抱えて一度営業に行ったことです。関西方面は市場の力が強いので、名古屋方面へ行きました。地域の伝統野菜である水口のかんぴょうとか、下田なすは特徴が伝えやすいのですが、普通の野菜は特徴が言えませんでした。それで尻尾を巻いて帰ってきました。

伝統野菜の生産地域は限定されているので、我々の管内でも広く、すべての方にすすめられないという問題があります。当初はニューブランド野菜というような名称で、開発しようと進めました。

農協が、通常の市場を通さないという部分で売るにあたって、やっぱりそういう独自のブランドが必要であろうということで、やらせていただきました。

図1　忍野菜のロゴマーク

進行　農家の方々からの反応はいかがでしたか。

山中　ネギについてはこれまでのネギとは少し異なり新しい商品で、ちょっと太めのネギでした（写真3）。栽培技術の一から農家の方と一緒にやってきました。元々新しい品種でしたので。そういうなかで規格を守っていただくのは、厳しかったです。

今はお茶も栽培していますが、コメ・茶と、それと第三の作物ということで、「忍野菜をすすめます」と大きく宣伝をしています。当初は20～30ヘクタールの野菜でしたが、今は100ヘクタールまで拡大していこうということで、ご理解をいただいています。

写真３　忍葱（しのぶねぎ）

進行　次に、生産性を上げるために、経営者として何をしないといけないのかと今感じておられるのかを、お聞きしたいと思います。

今井さんに、生産効率を向上させるために、これまでどういう取り組みをしてこられたのかという点と、今どういう課題に直面しておられるのかという点をご紹介いただけたらと思います。

生産効率向上のための取り組み

今井　単純にたくさん作るだけであれば、どんな野菜でも作り方は確立されています。それを売上に結びつけていこうとすると、中心等級に揃えていくのが大事です。次に、規格外になってくる部分をどういったかたちで売っていくかが大事だと思います。

課題は、従業員の働き方の問題ですね。本当は、月曜日が雨の場合は日曜日に出てきて収穫してほしいのですが、それは完全に農家から脱却していない考え方です。どちらが良いのかはよく分からないですが、従業員のモチベーションと、仕事のコントロールの両立がひとつの課題かなと思っています。

進行　島田さんに、面白い取り組みや課題だと思う点があれば、具体的に教えていただければと思います。

島田　最終的に利益という考えでやっていますが、農業という分野は、人件費と運賃とガス代、これがほぼ全部を占めていると言っても過言ではありません。うちでは、栽培を体系化しており、私や取締役がいなくても回るかたち、つまり賃金コストを抑えたかたちで、栽培に取り組んでいます。

2点目の運賃ですが、弊社グループ農場が熊本・長野にあり、モノを運ぶ際に基本的にはチャーター便で運んでいます。そのとき、弊社の荷物だけで埋まらない、10トン中8割が埋まったとしても、残り2割が埋まらない場合には弊社の集荷場の荷物を一緒に合わせて運んで、カゴ単価を下げています。

単位面積当たりの収穫量も大事ですが、出荷が終わった後にいくら残るのかが最重要項目です。人件費と運賃をどう削減していくのかに、今は取り組んでいます。

進行　八木さんからも従業員を雇用することの難しさについてお話しください。今、運賃の話をされましたので運送コストについて、削減のためにされておられる取り組みのご紹介もお願いします。

八木　運賃はほぼ取引先負担で販売しています。

従業員については、これは農業者にとっては大変な問題で、農作業の指示は本当に大変です。従業員に「あその畑に農薬振ってきて」とか、「元肥いれてきて」とか指示を出しますが、その畑の面積に対して、適量を散布するというのはすごく大変なことです。

うちでは、一歩でどれくらい農薬を散布するとか、肥料を入れるとか、全部数値化をしています。全部数値化をして、野菜をキチっと量を確保していくことが現在の目標です。問題点というのはそれをその人その人にオーダーメイド的に伝えていくというのが大変な問題です。

進行　農産物を作られるときに消費者のニーズを考慮しながら、農作物の品種を選んでおられると思います。一方で、ものづくりをされておられるというところで、いかにこだわった農産物を作るのか、その両立をどうしているのかを、生産者の方にお聞きしたいと思います。

八木　自己満足というのは、あまりありません。どうしてないのかと言うと、できて当然ですので、できなかったときのほうが、問題意識があります。1円でも高く売れるように、営利目的で頑張っています。

島田　私は、他者の同様な品目を買うなど、味の食べ比べをやります。ほぼ毎週スーパーに見に行き、研究をしています。自己満足の塊だと思います。

今井　基本的にとれたてを毎日食べているので、毎日自己満足をしています。意外とお米農家は、秋に自分の作ったお米を送り合います。「俺の作ったお米こんなうまいんや！」みたいな。そういったかたちで、農家同士って意外と作ったものに自信を持っています。

消費者ニーズをどうやってつかむか

進行　今井さんは、消費者ニーズを、具体的にどのようにつかんでおられますか。

今井　さきほど、「農家レストランが夢」と言いましたが、自分だったらこの野菜は煮たら美味しいとか焼いたら美味しいとかわかるのですが、今の若い女の方や街から来た人には、それがわからない。調理の方法を聞く若い人もいますが、「調理をしておいて」と言う人も多いので、そこまで言われるのなら取り組んでみようかなと思っています。

進行　JAは消費者のニーズをどういう経路で把握しているのか、少しご説明いただけますでしょうか。

山中　都会にもっていくと、売れるものと売れないものがあります。また、田舎では売れるのに都会では売れないということもあります。そういうことは売る場所によって違うみたいです。今はそれらを日々勉強しているところです。

進行　優れた農業者の方が農協の組合長になるという考えについて、どのような意見をお持ちでしょうか?

今井　昔は、営農指導員の方はものすごく一生懸命で、でも失敗も多かった。今の営農指導員は、農家よりも上司の顔色をみて「これをこういうふうにしたら怒られます」と、最初に「怒られます」から始まります。昔はよかったって言ったら年をとったみたいになるけど、そういった農家の視点に立つ農協に変わってほしいなぁと思います。

営農の部長がいろんな部長の中で一番偉いはずなのに、共済・金融に頭を下げているようでは、農協はよくならないと思います。やっぱりもう一度、「農業協同組合」という名前に恥じないような、組織に変わってほしいです。

進行　その点について、八木さんはどのような意見をお持ちでしょうか。

八木　昔の農協に戻っていかないと、根本的な農協離れ、農協の衰退が絶対でてくると思います。農協に野菜を出荷するよりは、違うところに出荷しようと思っている方も結構います。農協の良いところは良いところとして、農業協同組合というかたちで、農家の主体の上に農協というかたちをもう一度考えていく時期だと思います。農業者から「こういうふうにしてください」などの提案を渡していきたいと考えています。

もし、私が組合長になったとしたら、いかに野菜を高く売るかを市場と喧嘩してでも言おうと思います。農業者への資金の提供をどんどん進めようと思います、一番貸さないといけない人に、貸していないのが現状です。

ています。そういった意味で、うちのスタッフが自分の居場所を確保できるように、いろいろなかたちでチャレンジしていきたいと思います。

経営者の人材育成と教育のあり方

進行　どのような着眼点で次世代の経営者となる人材を集めているのかと、その教育の方法についてお話しください。

今井　こんなことをしたら農家としてルール違反だなど、言葉では教えてもらえないことがたくさんあります。僕は非農家だったから、それで今まで痛い目にも遭ってきました。農家の息子だったら知っていることでも、知らなかったことがたくさんありました。今はうちの従業員には、20歳、30歳の間に分からないことは、聞けと言っています。

僕が野菜を育てていて思うことは、複合経営の一番間違ってはならないことは、どこに軸足があるか分からないようになることです。すべてはお米を売るために僕は野菜を作っています。野菜を売るというのは、野菜を作る人と、頭を下げてくれるスタッフとの二本柱で成り立っています。そういった意味で、うちのスタッフが自分の居場所を確保できるように、いろいろなかたちでチャレンジしていきたいと思います。

進行　島田さんのところでは、従業員の方々の評価や給与体系はどのような仕組みになっているのでしょうか。

島田　人事制度は、きっちり取り決めをしています。年金や健康保険も全て付けるというかたちになっています。入社一年目は、アルバイトもしくは契約社員という立ち位置からスタートになります。そこから普通の社員となり、各部門の部門長になるというように分けています。給与体系に関しましては、弊社独自の給与体系になりますので、百貨店とは大きく違う・変わっています。

私が入社したときは、農場で有機野菜を栽培して出荷をするというだけの会社でしたが、そこから流通業・集荷場業であるとか、広がっていくにつれて、労働環境は整備されてきました。ただ、会社としては大きく発展をしてきましたけども、人材の確保という面では、苦慮しています。

経営者という考え方でいくのであれば、職人であってはダメだと思います。幅広い考え方・モノの見方ができなければいけません。ただ水菜を作れる、水菜を作る技術はピカイチだけども、販路のことは関心がないとか、クレーム対応は関心がないとかであれば、経営者にはなりえないです。

絶対に生きていける農業者になる

進行　八木さんは、自分のところで働いておられる従業員の方々が、博農のどういったところに惹かれて働いていると感じますか。

八木　うちで働くと、将来、新規就農するなり、自分で農業をしていく際に、「絶対に生きていける農業者になる」と従業員に言い続けています。従業員も多分、うちで従業員として1～3年くらいやると、普通ではあんまり飯が食えない農業、新規就農者でも、飯が食えていける農業者になるのではないかなと思っています。

栽培をしていくなかで、従業員からするともっと教えてほしいなと思うのでしょうけど、僕は教えません。失敗したことを、気づいてもらわないといけないからです。いけずな社長と思われていると思っていますので、詳しくは従業員の方から聞かれた方が良いかなというところです。

進行　従業員の方を採用される際のポイントや、見るべき視点があれば教えてください。

八木　従業員を見るときは、その人の目線ですね。僕の場合、どこを見ているか、喋っているときにどこを見るかを常に見ています。

これからの農協への期待

進行　山中さんご自身が、農協が求められているニーズとして一番感じておられるのはどういう面ですか。

山中　農協そのものが、誰のために必要なのかという点です。企業的な農家まで発展していくのを支援するのが農協やと言われる方もいます。そういう意味で、農協とはどういう方に求められているのかを議論する必要があります。日本の農業を守るためには大きな農家も必要です。しかし、地域を守るための組合員も育てないといけない。何が正しいかと言われると分からないですが、そういうジレンマのなかで日々業務にあたっています。

コーディネーターによる総括

今日お越しの経営者の方々の、それぞれの経営というのは、我々も今まで勉強させてもらいましたが、それぞれに違うわけです。場所も、やっていらっしゃることも違いますし、もしかすると、もっている信念みたいなもの、考えていることも大分違うのかもしれません。ただ、信念が違っても、めざすもの・共有しているものがたくさんあるのではないかなということは考えています。

今日来られた方々の経営の話を聞かせてもらって、実は堅実なことを確実にやろうとしているというところが、目につきました。地域のなかでも目立つ大きな経営体ですし、売上もたくさん上げてらっしゃる経営体の方々ですが、実は目立つことの一方で、しっかり足元を固めて安定したものを作っていこうという姿勢を感じています。我々の研究という立場から見たときにそこが大事なところではないかなというふうに感じています。多様性と安定性の両立・両局面がすごく大事だという印象を持ちました。

3　農業アントレプレナー的地域ブランドの作り方

写真４　第８回シンポジウムの様子

進行　パネリストの皆さんから自己紹介および自社製品のアピールポイントをご紹介ください。

神代　私が栽培している柚子（写真5）は、皮を剥いてミカンのように食べるものではなく、甘いとか、青果としての付加価値を表現するのが難しい商品です。今や高知県が市場の半分以上を生産しており、その作況に市況が左右されるというのが現状です。

その昔、私がおります木頭南宇の先駆者が昭和52年に柚子栽培で農業賞を取ったのですが、その頃は市場に柚子がほとんど流通していませんでした。「これはお金になるぞ」ということで、高知県の馬路村や北川村あたりもこぞって青果柚子を作ることになりました。

木頭地区でも生産量が伸びたのですが、高知との競争に敗れてしまった。敗れたというか、ブランド

写真５　木頭（きとう）柚子

にできなかった。

高知県、特に馬路村は加工品に転換され、大成功をされました。柚子は、青果としては付加価値をつけにくいという難しさがあります。1988年に木頭地区で「ゆずサミット」をおこない、全国に向けて柚子の消費拡大を進めたのですが、それをしたことによって逆に他地域に産地が増えてしまいました。

今、全国各地に柚子の産地ができ上がっていますが、青果ではなかなか経営が成り立っていません。我々は今までの産地としての歴史をもっと利用し、高付加価値の加工品を作っていこうと頑張っています。より高付加価値の加工品を作るということで、2年前からドイツやフランスの展示会に出ています。

以上がいままで取り組んできた内容ですが、2020年までに海外も含めて20店舗作ることを進めています。そうすることで、逆に県外からこの木頭にも人に来てもらえるような展開を考えています。

小林　私は、ほかの3名の方々と立場が違い、行政職員です。市役所が菜種油を売って儲けようということが動機ではなくて、遊休農地の解消などで、景観向上、農村環境の向上ということでアメニティをよくして喜んでいただけるかという仕組みづくりをまず考えてプロセスを立てていきました。

（株）黄金の村
取締役
神代《かみよ》　晃滋《こうじ》

会社設立は2013年で、徳島県那賀郡那賀町木頭において地域の特産品「木頭ゆず」を栽培加工する農業生産法人である。農業の六次産業化と地域貢献を目標とし、現在、高付加価値の加工品開発などを通じて、産地としての復活を図っている。

自身は、2001年にアパレル輸入業を経て木頭村にIターンし林業に従事、数年後にゆず栽培を開始。2005年ごろから、ゆずの加工品に取り組み、ポン酢やゆず胡椒など次第に品目数を増やし、2009年からはアメリカ合衆国への輸出も手がけている。

伊賀市役所
観光戦略課長
小林《こばやし》　康志《やすし》

農林振興課に所属時「伊賀市菜の花プロジェクト」の立ち上げを担当。商品として差別化が難しい「菜種油」の販売促進策として無焙煎・生搾りのエキストラバージンオイルを開発した。
首都圏での販促キャンペーンを通じて、地元伊賀市での認知度を高め、地域の特産物として育成している。

一番特徴的なのは、菜の花プロジェクトに参加している団体が80ぐらいありますが、純粋に営農をやりたい団体だけでなく、中学校などの教育機関も参画されています。そういった多様な方々に幅広く参加していただくよう苦慮してきました。

プロジェクトに関与する大山田農林業公社の売り上げは1000万円です。公社に菜種を出荷する80の団体のなかで、自分の特産品として売りたいので、違うボトルに詰めたいという団体や、菜種を原料として公社に出荷して儲けたいという団体まで幅広いです。幅広い要望に対応できるように条例を制定して、いろいろな選択肢を用意してきました。

販売に関しては、大きく3点に取り組んできました。

1つめは、消費者をぐっと絞り込んだことです。食や環境に関心の強い30～50代の女性にターゲットを絞り、ネーミングやパッケージにかなり時間を割きました。市役所の女性職員でプロジェクトチームを作ってプロのデザイナーの方にも入っていただき、見た目をよくすることを考えました。

2つめは、菜種油（写真6）は普通の油で売ると差別化が難しいので、商品のラインナップをいくつか用意したことです。通常は菜種を焙煎・加熱して流動性をよくして絞るのですが、そのまま生絞りをしてエキストラバージンオイルを製造しています。それと、通常以上に焙煎の焦げの香りがつくような深入り焙煎を作り、商品ラインナップに加えています。

写真６　伊賀産菜種油「七の花」

3つめは、単に伊賀産の菜種油ができたことだけでは、普及力が弱いだろうと、伊賀で売るよりも先に東京でPRと販売をはじめました。

写真７　「生姜丸しぼりジンジャエール」

坂東　JAわかやまはいろいろな事業をしていますが、そのなかでも「生姜丸しぼりジンジャーエール」（写真7）を中心に本日はお話しいたします。

JAわかやまは売上高が40億弱で、全国ベースでみても、また和歌山県内でも販売金額の少ないJ

JA わかやま
代表理事専務
坂東《ばんどう》　紀好《のりよし》

「地域農業の発展のため全霊を尽くします」を所信として、日々変化し続ける社会・経済情勢、地域農業、組合員の要望に対応して、業務に取り組む。
平成22年には、JAわかやまが農商工連携で開発した生姜丸しぼりジンジャーエールの中心となり、商品企画・消費宣伝・物流・店頭販売など、日本全国を飛び回り生姜丸しぼりジンジャーエールの販売促進に尽力し、「2010年日本農業新聞一村逸品大賞」を受賞。
平成24年から同JAの役員に選任され、JA一筋で業務に取り組み蓄積したノウハウを駆使して、地域農業の振興はもとより、地域社会に愛され親しまれるJAを目指して日々邁進中。

吉田農園
代表
吉田《よしだ》　智晃《ともあき》

群馬県太田市で露地野菜、特に大根・白菜・キャベツを栽培し、スーパーとの契約栽培と市場出荷を組み合わせて、出荷。そして、これら農産物の加工品の製造・販売にも取り組んでいる。

また、地域の若手農業者を牽引し、農業者グループ「ぐんまファーム」や「産直倶楽部」を設立し、参画する農業者とスーパーなどの量販店との生産契約を推進。これら取り組みは次第に野菜生産者だけではなく、畜産農家やハーブ生産者にも広がり、群馬県内の若手農業者の新たなネットワークとなっている。


Aです。そのなかで、ジンジャーエールの開発に至った背景から説明します。和歌山県のイメージを発想したときには、野菜なり果実なりを想像されると思います。ただ、我々の管内である和歌山市内にはそういう自慢するものがない。ということで、我々も肩身の狭い思いをずっとしてきました。

そこで目をつけたのが、「生姜」です。生姜として連想される県として、和歌山県を連想される方は少ないと思います。実はこの生姜にはいろいろな分類があるのですが、新生姜については和歌山県が全国第2位の生産量を誇っています。そして、ＪＡ単位でみるとＪＡわかやまが新生姜の生産量、販売量も全国1位だと思います。

それに知名度がないことに目を付け、この部分で何とか加工品を作って、全国にアピールしたいという思いで開発したのが「生姜丸しぼりジンジャーエール」です。

吉田　吉田農園では、露地野菜、主に大根と白菜、キャベツを作っています。それらは契約栽培で業者へ納品していて、一定の決まった金額の販売のもとで、ある程度安定した収入を得て、経営が成り立っています。
ただ、すべて契約栽培は無理なので、市場出荷も組み合わせています。その市場出荷の方の販売を試行錯誤しているなかで、産直倶楽部や群馬ファームという仲間と出会い、販売をしています。現在では、インターネットを使った販売のシステム（図2）を作り、BtoBにこれから取り組んでいく予定です。

特に、イタリア野菜についての業者やレストランは必要とされています。ただ、それをどこから手に入れるのかというと、現状だと市場しかありません。そこに自分たちのグループが入り込んでいきたいと考えています。

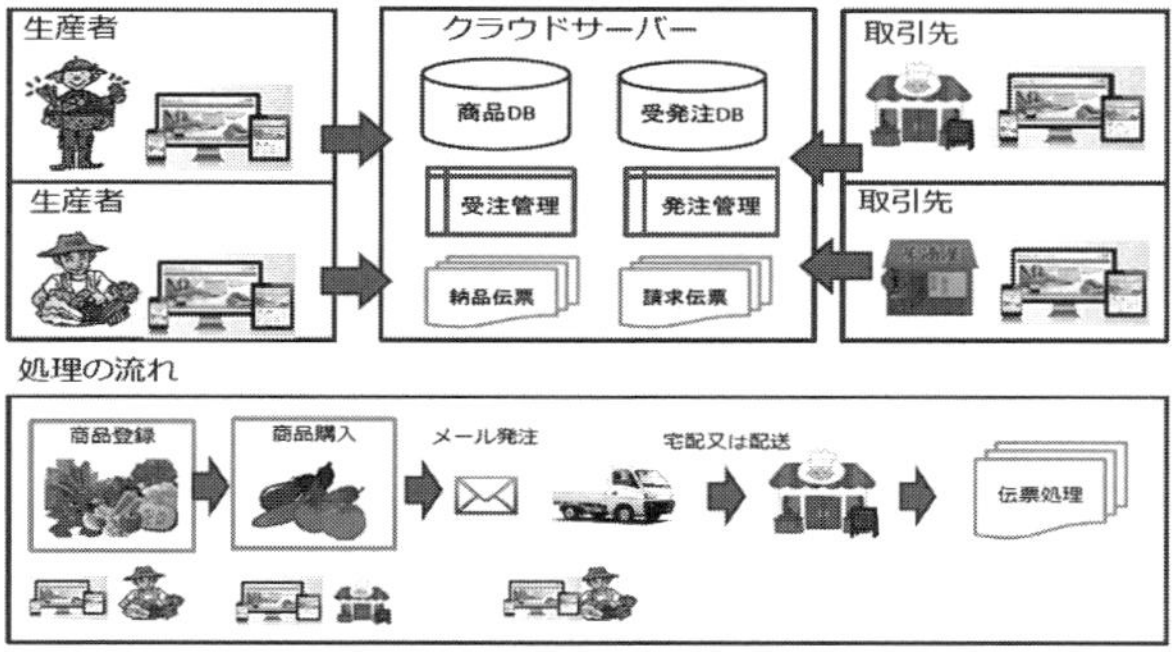

図2　B to Bでクラウド受発注が可能な販売のシステム。これにより、農家は式場・レストラン等プロフェッショナルの方に対し、リアルタイムに野菜のこだわりや生産の状況を伝えられる。

地域ブランド化の展開

進行　「地域ブランド化」ということで、地域に根差したいろいろな商品展開をされています。特定の農産物を前面に出すブランド化と、地域の多様な資源をいかしたブランド化の2つがあるかと思いますが、皆さんの事例ではそれらをどのように組み合わせておられますか。

坂東　JAの場合、あくまでも地域で生産された農産物を生鮮で販売するのが主流です。伝統野菜については、その伝統を磨いていますし、主力野菜については、最高級品に磨いていくことで、ブランドを築いています。

そして加工品であるジンジャーエールを全国展開することで、生鮮野菜の生姜のブランド力も上げていこうと考えています。そのような相乗効果を狙ったのがこのジンジャーエールです。

小林　農産物の販売について、日ごろ感じていることがあります。一次産品というのは付加価値をつけるのが難しいということです。付加価値をつける一番手っ取り早い方法は、地名にブランド力をつけることだと思っています。

三重県には、松阪牛という有名なブランドがあります。私たち伊賀市にも伊賀牛というブランドがあります。値段は2〜3割くらい違いますが、ブラインドテストで比べてみると、ほとんど味の違いはありませんが、松阪という地名にブランドの付加価値がついている状況があります。

そうしたなかで、私たちの農産物を売り込む新しい施策として、伊賀という地名にブランド力をつけるために、3年ほど前から東京で農林業と観光とを結びつけた新しい事業をおこなっています。

具体的には、台東区（東京都）と連携をして浅草の飲食店でお米なり野菜なりお肉なりを使っていただく活動をしています。また、それを円滑にするため、上野で毎年11月に「伊賀上野忍者フェスタ」という忍者のイベントを開催しています。ご質問のあった二者のうちどっちだと言われましたら、地名の方に力点を置いているということになります。

神代　柚子は暑いところでも寒いところでもなる果樹です。ただ香りや酸味には差があり、寒暖の差が大きい場所で、高品質の柚子ができます。その適地適作という部分では木頭地区は恵まれた地域であり、その特性を生かして加工品を作っていこうとしています。

柚子の果汁を使った食文化も残っていますので、我々はその両メリットを利用して地域を売り込んでいくことを目標としています。もう一つ、地理的表示の取得をめざして、ブランドのリニューアルを目指しています。

多様な販売戦略と、海外への輸出

進行　吉田さんはいろいろと販売戦略を展開されておられますが、多様な展開をするようになったきっかけと、そのときの経営の課題をどのように認識しておられたかをご紹介ください。

吉田　親世代は市場出荷が主な販売先でした。私が就農してからは、いろいろな出会いがあり契約栽培の比率を増やしてきました。市場の現状として、値段がつかないというか、品物が入る前にもう値段が決まっていて、競られないという状態があると思います。そうなると農家としても売り上げが減ってしまう。では、どうしようかということで、スーパーと直接取引をしようと仲間たちと話し合い、スーパーとの取引がどんどん増えていきました。

　販売に関して、やっぱり人との出会いが大事だと思います。先ほど話しましたイタリア野菜ですが、これも出会いがきっかけで、地元の種屋さんから「イタリア野菜を開発しているので試作品を作ってみないか」と言われてやってみました。そうしたら、ほしいという人がいたのです。

　これまでも販売の拡大を狙って、ＦＡＸ等での宣伝活動もおこなったのですが、それは大変でした。普通に考えれば、一か所で、様々な食材が注文できるところで注文されると思います。でも個人の農家では品物がないからそれはできません。しかし、10人集まれば10種類できます。それで、その仕組みとして仲間とネットワークを作りました。

進行　輸出を神代さんが考えられたきっかけと、アメリカやヨーロッパの輸出先を決めた理由、そして継続的にその国に輸出していこうと決断された理由をお聞かせください。

神代　柚子というのは、日本古来の独自の香りを持っていますので、その価値を感じてもらえるような地域に積極的に売り込んでいこうという考えのもとに輸出を考えました。それがEUであって、EUをターゲットにして、積極的にイメージ作りのために売り込んでいるというのが現状ですね。

　まだまだ成功したという水準まで到達していません

が、その糸口がこの一年でできたので、それをもとに数字を伸ばしていけたらと思っています。

消費者や職員の意識の変化

進行　吉田さんは、イタリア野菜に目を付けられましたが、一般の方の需要をどのように見込んで販路拡大を図っておられるのかお聞かせください。

吉田　ＢtoＢシステムとして作ったもので、やはりプロのレストラン向けを対象にしています。一般消費者にも産直で売れるのは売れるのですが、数はそんなに動きません。契約しているスーパーが何十件もあるので、量としてはそれなりに捌けています。その点で言えば契約先がほんの数件ではたぶん全く採算が合わないです。

進行　小林さんには市役所からの働きかけを円滑に進めるために心がけていることをお聞かせください。

小林　仕組みづくりですね。農業者にも個人農家・営農組織・法人とそれぞれの思いとか経営戦略があります。それぞれの経営戦略をできるだけ包括できるような政策、どんな思いを持った方々にでも対応できるような政策立案とか条例の制定を考えています。

例えば、菜の花プロジェクトに関しては、種子を無償で提供するので作ってみませんかと、その種子代は、当初は行政で持ちますよと、そういう呼びかけをした経緯があります。

進行　坂東さんに、ジンジャーエールの取り組みをして、ＪＡ内部で職員の意識の変化を感じておられたら教えて下さい。

坂東　今まではＪＡで作ってＪＡで販売するオリジナルのオンリーワンの商品がありませんでした。こうした新しい取り組み、前に一歩出るという取り組みは、頑張れば道が開けるということで自信が芽生えてきたと思います。それがＪＡの事業全体にも繋がっているのではないかと思っています。

農業の持つ魅力と困難さ

進行　神代さんに、Ｉターン者としての苦労話を聞かせてください。続いて、市役所やＪＡからの働きかけというものをどのように受け止めてきたのかを教えてください。

神代　地域の中には、ＪＡもあるし、他の加工会社もあります。私は県外から入った人間でほとんど農業の経験もなかったので、地域の皆さんと見方もやっぱり違いますし、消費者目線で、消費者の方が魅力を感じられる商品作りを心がけています。逆に、地域に農業の良さを発信することも大事だと思っています。外から若い血がどんどん入って、農業をやってみたいと考えてもらえるような会社作り、商品作りを進めています。

ただ地元にはコネクションも何もないわけで、地域の人の協力を得るためにいろいろと苦労しました。逆にそういう苦労をしてきたおかげで、協力者も次第に増えてきましたし、契約農家も30軒以上になり、逆に良かったのではないかと、今では思っています。

進行　吉田さんには、ネットワークを構成する農家間での役割分担や、出荷する野菜で競合した場合に、どのように対応しておられるのかを教えてください。

吉田　農家同士での競合というのはどうしても出てしまいます。そのときには、スーパーであれば先にそのスーパーに出荷している方をすべて優先しています。ただ、その先に入っている方が何かの事情で出せないとなればすぐに協力してくれるような体制になっています。ただ、農協や市場を否定しているわけではなくて、緩衝材というか市場がないとうちも経営が成り立たないという点は、強調しておきたいです。

進行　ご自分で何らかの新しい経営展開、事業展開をされる際に、どのようなリスクを認識されたか、されているか、教えてください。

リスクへの対策は

坂東　事業というのは、どうやってリスクヘッジをしていくかということだと思います。ジンジャーエールの場合でも、はじめはもちろん取引先はゼロ、新規取引先の開拓からしていきました。取引先が貸し倒れて、代金回収ができないこともあります。もちろん信用調査もしているのですが。ただ安心な大手業者にばかり販路を求めても、量を確保できないという問題もあるので結果を恐れず進めなければならない場合もあります。

販売戦略は毎年が勝負で、毎年PRを続けなければ、すぐに販売量が激減してしまう不安を常に持っています。

吉田　リスクについてですが、私も契約栽培をしていて貸し倒れたことはあります。自己責任で何とかするしかないのですが、今回グループでやるということになって、これまで個人で背負っていたリスクが何とかなるのではという期待があります。

今回このシステムを作るにあたっても、グループ内の積立金で作りました。個人の出資ではまず無理な金額だったので。そういう研究をしてきて今がありますが、「最後やるかやらないかは本人次第だ」と改めて思いながら日々経営をしています。

小林　菜の花プロジェクトの例で言いますと、油を搾って瓶詰めする設備と、廃食油を減量化する設備を市が作りました。合計で1億3000万くらいです。先ほど補助金の話も出ましたが、市の財源を使わずほぼ全額、国の補助金・交付金等で整備しました。

この事業を始めるにあたって新しく2人を雇用しました。プロジェクトがうまくいかないと、そのスタッフ分赤字になってしまいます。ですからこの施設は、菜種油の搾油だけに使うのではなく、米の乾燥や蕎麦の貯蔵など通年使えるようなハード設備を整備しました。そうすることで、ランニングの面で赤字にならない仕組みにし

写真８　第８回シンポジウムにて

ています。あと菜種油の搾油量の範囲を最初から想定しておりまして、最大で１００ヘクタール最小で50ヘクタールの間であれば全量販売することで採算がとれるということを計算しました。

神代　リスクについては、農業経営の企業化ということ自体がリスクを抱えていると感じています。商売をしていると資金繰りの部分が実に大変です。弊社の場合はたまたまですが、地元のＩＴ企業と連携をして、新会社を設立したおかげで資金調達が何とかスムーズにいくようになっています。

商品についてのリスクは、全面的に弊社がリスクをもって商品開発をして売り込んでいます。より付加価値を付けていくためにどうすればいいか、ということを自分らで常に考えるように心がけています。より独自性を持った商品開発とターゲット設定をこれからはしていこうかなと今思っています。

価格をどう設定するか

進行　販売面で、皆さんは開発された商品の値段について、どのような考え方で価格設定されておられるのか、教えてください。

小林　菜種油に関して言いますと、「最終消費者が誰なのか」を一番考えています。業務用でしたら簡易なパッキングで安くしていますし、あと観光地ですので、お土産用には小瓶にかわいらしく入れて販売をしています。

値段に関しては、最初に決める際にリサーチ会社にマーケット調査を依頼しました。具体的には、飲食店で業務用でしたらいくらで、消費者の方々にご家庭用でしたらいくらで買いますかというようなマーケット調査をして、それを参考にして値付けをさせていただきました。

坂東　大手メーカーの飲料は、おおよそ瓶でも缶でも税込み120円だと思います。われわれのような小規模な事業者はそれと違った部分で売っていかないといけない。ターゲットは女性、若い女性に絞り、ボトリングについても工夫を凝らし高級感をもつようにしました。そうやって180円での販売を決定しました。

吉田　野菜の値段設定は、スーパー側でどのぐらいの値段だったらどのぐらいの量売れるというのを、リサーチしています。その情報をもとに、例えば1㎏、10㎏、100㎏、1トン単位で業者と価格の決定をしています。

進行　ありがとうございます。これまで経営者の皆さんは相当のリスクを負いつつも、そのリスクをうまく回避したり、調整したりすることで、経営を飛躍させてこられたと思います。

そこで、これまで経営が傾くような危機か何かがあれば、その事例を教えていただきたいのと、それをどう克服されて、今経営を確立してこられたのかを、最後にお話していていただければと思います。

神代　危機感は常に持っています。だからそれに負けないように、他社より、他の人より、とにかく考え抜いて商品づくりをしています。それと人より働く。農業者は暗いうちから畑に出て、暗くなっても仕事をすることが基本ですので、それをベースに体を使うのと頭を使うのをフル回転させて、日々やっているところです。

吉田　危機と言われても、いつも危機ですよね。だから自分の体を大切にしながら、できるだけ頑張るしかないです。

コーディネーターによる総括

本日のパネリストの皆さんの話をお聞きして感じたことは、やり方はこれだけだということはなかなかなくて、地元のいろいろなリソースをうまく組み合わせて、あるいは自分の才覚を組み合わせてというところが1つの鍵なのかなということです。そのやり方は皆さん様々で、その点がとても勉強になると、いつも私たちは感じています。

今後もこのパネルディスカッションを続けていくことになりますが、こういったかたちで実際に農業を経営されている方、あるいはＪＡの経営の最前線に立っておられる方、あるいはそういった経営者の方々を側面から特に支援されているＪＡ、行政の方、今日はむしろ側面支援というよりは主導しておられる方だったのですが、そうした様々な声をこうして聴ける機会は貴重だと思いますので、また機会がありましたらぜひお越しいただきたいと思います。

第Ⅲ部 「守りの農業」の潜在力

第７章　イタリアにおける地方・農村活性化の論理
――地域の文化・歴史をいかに発信していくか

小林康志

1　はじめに

イタリアには「第3のイタリア」と呼ばれる地域が存在する。これは南北に長いイタリアにおいて、ミラノ・トリノなどの北部、ローマ・ナポリなどの南部に対する「第3」という意味でイタリア中部を指す。

当該地域には、伝統産業や地場産業を継承する中小企業や個人事業者、また農業法人や農業組合が多数存在するが、１９７０年代初頭のオイルショックの際にイタリアの他の地域や諸外国が経済的打撃を受けた状況でも経済成長を維持した。そのため、大企業主導型とは異なる産業形態を有する地域として注目されている。

そこで、本章ではそれらの地域の産業活動が活発におこなわれている要因を分析・考察することを課題とする。そのために、当該地方における多様な事業体や地域活性化事業、行政施策について現地調査をおこなった。調査方法は、まず調査対象地域の概要について、特に農業と農村観光面から整理し、次いで個々の現地調査先の概要を活性化要因に注視しつつ分析的記述をおこない、その後総合的考察をおこなう。総合的考察の視点は、①なぜ、地方が元気なのか、②なぜ若者が農業に就くのか、③持続可能な産業・観光業は可能か、である。

2　ロマーニャ地方とアグリツーリズム

(1)　農業及び農業関連施策について

今回の調査対象地は、エミリア＝ロマーニャ州（図1）ロマーニャ地方フォルリ＝チェゼーナ県のコムーネ[1]（基礎自治体）チヴィテッラ・ディ・ロマーニャ市及びその周辺であり、前述した「第3のイタリア」と呼ばれる地域の一部である。

図1　エミリア＝ロマーニャ州の位置

農地はアペニン山脈の丘陵地を開拓したところが多く、ときには農業用機械作業が困難と思われる急傾斜地も耕作されている。耕地の区画は地形に合わせてあるものの概ね四角形である。耕作放棄地はほとんど目につかず、営農による農地保全がなされている。主要な作目は、果樹（ブドウ、オリーブ、オレンジ、リンゴ）、畜産（養豚、酪農）、小麦などである。

イタリアにおける営農組織は農業法人と農業組合に大別できる。イタリアで営農（農産物の販売・加工）をおこなうには個人であっても農業法人を設立し、法人格を州から取得しなければならない。法人格取得後はコムーネが各種指導や支援をおこなう。またロマーニャ地方は伝統的に組合運動が盛んな土地柄であり、組合組織が営農するケースも多数見受けられる。よって、イタリアには個人事業主としての販売農家は存在しない。

農業経営の特徴は「多品種」「多機能」と表現できる。「多品種」とは、例えばブドウ農家であっても、リスクや労力の分散を目的に、ブドウ以外の果樹、野菜、畜産などを複合的に生産する営農形態である。「多機能」とは、営農活動を単に農産物の販売という機能とみなすのではなく、農産物加工・教育活動・環境活動・サービス業としてのアグリツーリズムなどの機能を付加することで収入源の確保を目指すものである。

農業に対する行政施策の特徴は、地方の独自性を尊重し、その独自性にブランド価値と付加価値を付与することにある。そのためイタリアの食料品には、１９６３年に制定された食料品原産地認定ＤＯＣ（Denominazione di Origine Controllata）と、その上位分類として１９８４年に新設されたＤＯＣＧ（Denominazione di Origine Controllata e Garantita）の認定制度が存在する。現在のＤＯＣＧは、ＥＵ法である「原産地名称保護制度」に並列・準拠している。

(2) アグリツーリズモ事業の変遷

イタリアでは１９８５年に法律第７３０号（通称「アグリツーリズモ法」）が成立し、法制化された。この法律では、国が枠組みを定め、各州が州法でアグリツーリズモ事業と事業所の基準を設けた。この法律で定めたアグリツーリズモ事業とは農業事業者がおこなう集客・接客事業とされる。つまり農業活動の一環としてその農園でおこなわれる接客事業である。

その後２００６年に法改正がなされ、開業にあたっての諸手続きは簡素化された。一方で、食事や食材の現地調達については厳格になり、当該農園か周辺地域の農園で収穫された農産物、又は製造された食材、飲料（酒類も含む）を提供し、同時に高品質で特徴的な産品を提供することが求められるようになった。また、当該農園で生産された農産物、又は製造された酒類などを宿泊客に試食・試飲させることも必要になった。さらに、文化的に農村をアピールする仕組み、例えば農業設備などの展示、レクリエーション施設、地域の文化・歴史資源の展示も求められるようになった（宗田 ２０１２）。

これらの法律はあくまでも農業振興を目的としたものであり、アグリツーリズモの事業主体は農業生産をおこなう組織であることが条件である。そのため総収入の50％以上は農業から得たものでなければならない。この厳しい認証とチェックは、劣悪な一部の事業者がアグリツーリズモを名乗ることを防ぎ、行政が求める最低基準をクリアすることによって、イタリアにおけるアグリツーリズモの総体的な品質を保証し、併せて農村経済の振興を目指すためになされている。

また、体験教育やインターンシップの受け入れなど、機能別に各種の認証制度が存在し、多くの認証を取得しているアグリツーリズモほどアメニティーが整備され、多機能であるという明確な判断基準となるシステムが整備されている。

一方で、アグリツーリズモ法と同年に制定された法律第４３１号（通称「ガラッソ法」）では各州政府に景観計画を義務付け、全国的な景観保全のための土地利用規制が課された。農山漁村もこの法律の例外ではないが、アグリツーリズモに関してはそれぞれの地域の建築類型を尊重すれば規制が緩和される措置がとられている。

写真1　ファジョーリ農場

3　地域全体の利益を生みだす経営とその要因

現地調査は、ファジョーリ農場を拠点とし、農場の創業者であるファウスト・ファジョーリ氏（以下ファウスト氏という）が協同もしくは連携することでネットワーク化した事業主体や行政機関に対して聞き取り調査をおこなった。

（1）ファジョーリ農場（チヴィテッラ・ディ・ロマーニャ市）

①概要

当該農場（写真１）はファウスト氏が１９８２年に開業したイタリアにおけるアグリツーリズモの草分け的存在であり、事業の継続性や多機能面からＥＵにおけるアグリツーリズモのモデルケースとして国際的に有名である。

農場の所有敷地は約30ヘクタール、そのうち耕地が約10ヘクタールである。農場ではブドウをはじめとする各種果樹、多品種の野菜、畜産などを複合的に生産している。農場は農業法人としての法人格を取得しており役員10名で構成されている。現在の会長・副会長はファウスト氏の長女と次女が務めており、

写真２　太陽光発電施設

写真３　風力発電施設

世襲的な世代交代がされている。法人の運営は各役員が担当分野を持ち、週に1回のペースで運営協議がおこなわれている。農場の従業員は10名で主に農作業に従事している。

農場の宿泊施設はベッド数が23で、年間の平均宿泊者は約３３００名である。また宿泊者の約半数は海外からの観光客である。農場の年間売り上げは約60万ユーロである。宿泊施設の運営はファウスト氏が渉外業務、妻のミラ氏が調理や清掃を担当している。また、当該農場で使用する電力は太陽光発電パネルと風力発電施設を設置してすべて自給している（写真２、３）。年間の発電量は約８万２０００ｋＷであり、余剰電力は売電している。発電施設の寿命は約30年であり、売電により初期投資を約８年で回収している。

②開業の経緯

ファウスト氏は１９８２年、自身が33歳の時点で勤務していた建設会社を退職し、家族（妻・娘２人）でこの地に移住した（生誕地は50キロメートルほど離れている）。開業に関するイニシャルコストは主として銀行の融資によるものである。欧州の銀行は担保主義でなくビジネスプランで融資の可否を決定するため、金融機関からは優れたビジネスプランであると評価されていたことがわかる。

ただし、農場は人気のないビデンテ渓谷を開拓した高地に所在し、「この地で農業観光を始める」と地域内でアナウンスしたところ「荒廃した渓谷におかしな人間がやって来た」と揶揄された。この開業時期はアグリツーリズモが法制化される以前で農村観光に関する認知が不十分であったこと、加えて1980年代初期のイタリアは農村から都市部への人口移動が顕著だった時期であったため、農村で起業することが時代と逆行した行為であったことから余計に奇異な目で見られたという側面もある。しかしながら、ファウスト氏には「自分の人生を自分で楽しみたい」という信念があり、その気持ちを家族と共有できたため農場を創設した。

③地域との連携

当該農場の経営理念は、「地域と協同して発展する」ことであり、地域のネットワークづくりや地域ガバナンスを重視している。この経営理念は具体的には「農場経営による利益を、農場だけのものにするのではなく、地域に利益が広く拡散すること」と表現できる。この理念が地域住民に理解され、本格的なネットワークとして機能し始めた契機は、農場負担により公道を整備したことであった。

前述したように、農場は渓谷の高台に位置し、集落から通じる公道は未舗装であった。しかしながら渓谷や森林に狩猟に出かける地元住民の利用も多く「公道を私費で舗装した」行為は、農場理念を体現する具体的行動として高く評価された。現在では農場が中心となった農業機械の共同利用組合が設立され約700人の会員ネットワークが構築されている。また、「農場の友達」というファンクラブ組織も設立され約5800名の会員がネットワークされている。このような活動の結果、荒廃していたビデンテ渓谷には複数のアグリツーリズモが開業され、それらがネットワークを構築することで大規模宿泊客の分散受け入れが可能になり、ビデンテ渓谷自体がブランド化している。

④農場で提供される多様なサービス

農場の経営部門は農業部門と接客部門に分かれる。農業部門には羊・馬・蜜蜂などの家畜飼育・養蜂、少量多品種の野菜・果実、小麦、ワイン用ブドウ、ハーブ類の栽培、ジャム、リキュール、キノコ類等の農産加工物の販売があり、接客部門には宿泊、教育ファーム、スポーツレクリエーション（マウンテンバイク・アーチェリー・トレッキング・天体観測・オリエンテーリング・乗馬）、インターンシップなどの体験メニューがある。

農産物の販売は、農場内での直売、宿泊客への提供、ホテル・レストランへの卸売り、インターネット通販などを組み合わせている。接客業での集客はパンフレットのダイレクトメール、口コミ、旅行事業者への営業、農業共進会の活用、教育機関への情報提供、会議や集会でのPRなど多様なルートを活用している。これらの活動から顧客の基本データを蓄積し、リピーターの再訪を促すような情報発信や宣伝活動をおこなっている。

⑤農場の機能と事業展開の論理

ファジョーリ農場は「農産物販売」と「アグリツーリズモ」を複合的に事業化している（図1）。「農産物販売」の機能は、大別すると農場内での消費と農場外への販売機能の2種である。一方、「アグリツーリズモ」の機能は、農場内で地域の伝統食を楽しむ短期滞在者の受け入れ、農村環境の中に身をおき、ゆったりとした時間をすごす中長期滞在者の受入、体験学習の受け入れ、インターンシップの受け入れなどの4種である。これら2種と4種の機能を組み合わせることで、農場単独でも訪問客の様々なニーズに対応することができ、多様な収入源を確保することが可能になっている。さらに、それら多様なサービスを、理念や価値観を共有するコムーネ内外の事業者や行政機関と連携し、地域全体で訪問客を受け入れる拠点となる機能を有し、地域の社会・経済とのシナジー効果を発揮する事業を展開している。

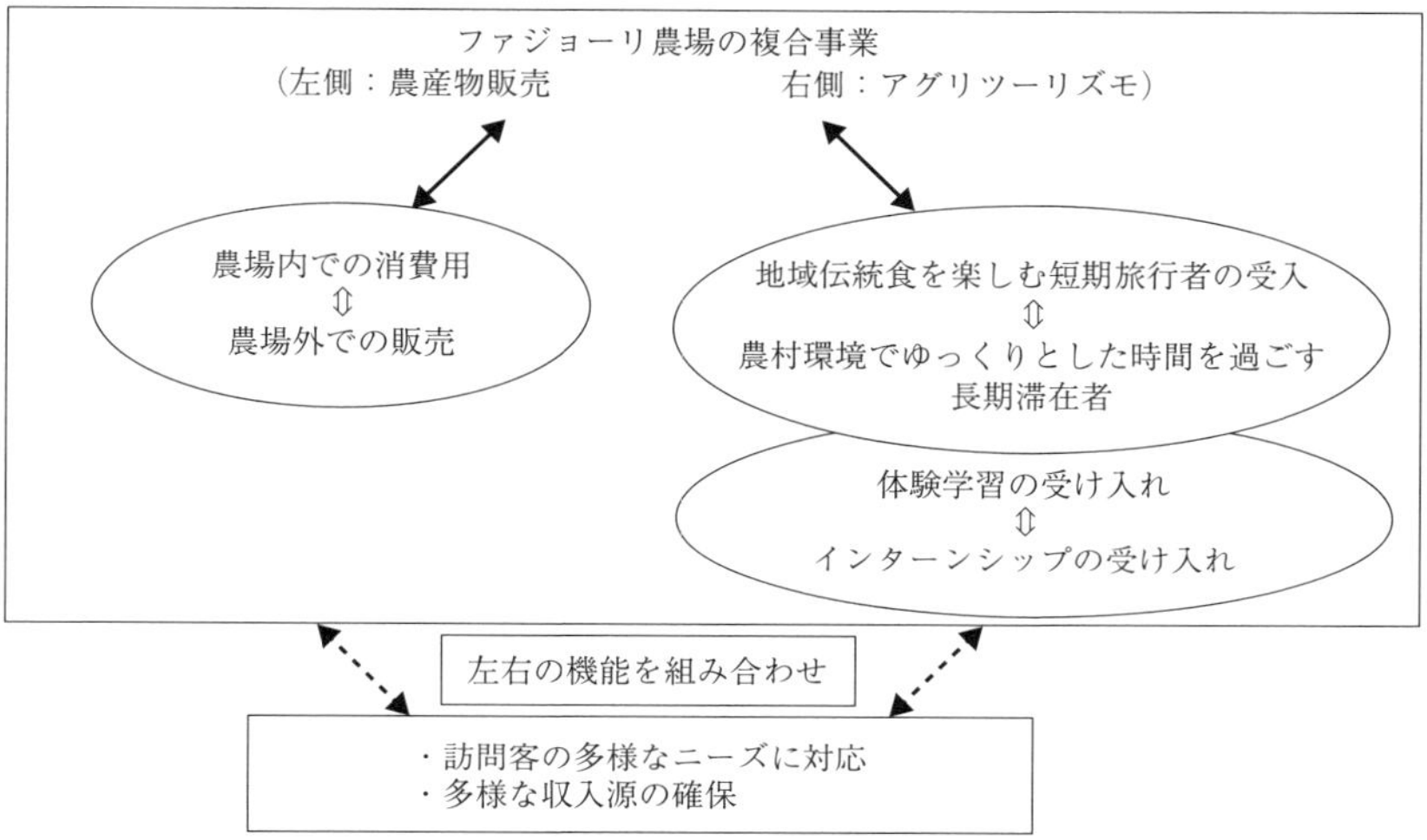

図1　ファジョーリ農場の複合事業の展開

以下に紹介する事業者、事例はファジョーリ農場と価値観や協同の思想を共有し、顧客や商品の相互紹介などを通じて経済的互酬関係のネットワークを構築している。

(2) 酪農農家イル・トロッパジオのチーズ（ラヴィジョーロ）作り

当該農家では家族経営で乳牛21頭、山羊・羊50頭を飼育し、搾乳した成分無調整の生乳からラヴィジョーロという伝統的なチーズを手作業で製造し・販売している（写真4）。

ラヴィジョーロはフレッシュチーズであり、製造後1週間以内が賞味期限である。そのため長距離輸送には不向きで全量が近隣地域で消費されている。販売は卸業者を介さず全て直売している。ラヴィジョーロの製造過程では、副産物として乳清ができる。企業的なチーズ生産過程で作られた乳清の大半は廃棄されているが、当該農家の乳清は生乳由来の物であり高蛋白・低脂肪で栄養価が高い優れた食品原料であり、乳清からさらにリコッタチーズを作り原料の生乳を無駄なく利用している。このようなチーズ作りはこの地方の伝統的な手法である。

写真4　ラヴィジョーロ・チーズの製造過程

一般的に、家族経営の畜産業は生き物相手であるので年間を通じて休暇が取れない重労働である。この点を当該農家の夫人に聞き取ったところ「直売で美味しいと言ってくれる顧客との人間関係が楽しく、休暇のない生活に不満はない」、「伝統的な酪農経営に誇りを持ち、若者が地域に根付いてくれていることが嬉しい」とのことであった。不満は「酪農作業や生活よりも、保健関係の行政指導が煩わしい」点であった。これらのことから、バカンス先進国であるイタリアにおいても、休暇を取らず通年農作業に従事する農家が存在し、休暇のない生活を当然と受け止める多様な職業形態が混在していることがわかる。

(3) 社会的協同組合・アブラッシオ・ヴェルデ（モディリアーナ市）

当該組合は、障害者雇用を目的に設立された社会的協同組合である。社会的協同組合とは、事業リスクを負いながら継続的に財やサービスを提供する事業体であり、組合員の利益よりも地域の公共的利益を追求する、利用者・労働者・ボランティアのマルチステークホルダー型組織である。社会的協同組合には多様な組合員が存在し、①就労組合員（正規、障がい者、様々な困難や不利益を抱えた労働者、②利用組合員（サービス利用者、利用者の保護者）、③ボランティア組合員、④財政組合員（出資のみの組合員）⑤法人組合員（社会的協同組合を支援する自治体など）で構

第Ⅲ部

写真５　組合で生産されたジャムやジュースなど

成されている。また、「構成員が多様であるか否かが、地域社会の様々な利益を代表しているか否かの指標」であり「メンバー間に限られた互助組織だけでなく」、「社会に開かれた協同組織機能を確保する」ことを重視している（田中 ２００４）。

組合の雇用者は10名で、内４名が障がいのある方である。主要な事業は、各種果物の収穫作業を請け負うとともに、収穫物を委託加工しジュースやジャム、ワインなどを生産・販売している（写真５）。また、安定的収入確保のため公共施設などの清掃業務を受託している。事業収支は、初期投資の償却を考慮すると赤字であるが、年間のキャッシュフローは公的助成金を含めて黒字である。この組合事業には、欧州全土から年間約１５０名のボランティアが職業体験に訪れ、モディリアーノ市の国際化に役立っている。ボランティアの旅費はＥＵのプロジェクトとして全額が助成されている。

このような、地域全体の利益を重視した社会的組合組織は歴史的に組合活動が盛んなイタリアに特有のものであるが、過疎化や高齢化が進行するわが国の地方都市や農村においても就業機会を創出し地域全体で利益を共有する有効な事業モデルと思われる。

4 イタリアの地域が持つ総合力とは

(1) なぜ、地方が元気なのか?

この理由にまず挙げられるのは、小規模なコムーネの存在である。小規模なコムーネでは住民と行政の距離感が近く、地域の課題やその解消施策の共有が小規模ゆえに可能になっている。つまり、住民の価値観や人生の生き方を基礎自治体の施策に反映させやすい仕組みが構築されている。また、住民間においても、コミュニティの範囲が小規模であるため、人と人との結び付きが非常に強く、有機的で柔軟な経営展開が可能で、世間のニーズに敏感に対応できるものと考えられる。

次いで挙げられるのが、農業を重視した行政施策である。原産地認定を重視した地域性のアピールや、事業性を重視した支援制度などで、農業経営を成り立たせる仕組みが地域に構築されている。ただし、農業支援施策の特徴は、継続的な運営支援ではなく、組織の立ち上げや強化などに対して支援をおこなうものが主で、事業の存続自体は補助金等に依存しない制度設計がなされている。

最後は、サービス産業の要素を取り入れた農業経営の多機能化である。アグリツーリズモを推進することで、外部から農村に観光客を呼び込み、単に農産物を出荷するのではなく、加工品の販売、農村ならではの体験メニュー、顧客の相互紹介などで複合的な収益機会を創出することが可能になっている。

(2) なぜ、若者が農業に就くのか?

農業を重視した施策と、農業経営の多機能化により若者が農業を生業として成り立つ仕組みが構築されていることが大きな理由であるが、そのほかに人生における価値観の多様化が挙げられる。かつての農村もしくは農業は、単に農産物を生産する地域、職業であり、労働量に対して利益が低く、若者にとってあまり好まれないものであった。しかしながら、法改正や新設された行政支援策により、農業経営手法の選択肢が多様になったこと、及び時間管理される都市の被雇用者という立場より、自己の管理・作業労働を自ら設計できる農業に魅力を感じる価値観が醸成されてきたことにより、農業は単なる生産業から自分の理想とする「生き方」を設計できるクリエイティブな職業に変化してきている。つまり、農産物の生産としての農業ではなく、「生き方」としての農業を選択し、自分の人生そのものをクリエイトできるからこそ、その点に魅力を感じ若者の就農人口が増加しているのである。

また、イタリアにおいては、幼少時の教育課程において、「(農村をはじめとする)地域の良いところを探す」という学習プログラムが組み込まれており、このような取り組みによる幼少時代の「気づき」が地域へ戻る若者の増加にも繋がっているものと考えられる。

(3) 持続可能な産業、持続可能な観光業は可能か?

単体での事業主体の持続性を考える場合、外部的要因としては、法律・行政規則の変更や消費者ニーズの変化が考えられる。内部要因としては適切な事業継承者が存在しないという人的要因と収益を確保できないという経営的要因が考えられる。外部要因としては、立法機関や行政は時代の変化に対応した決め細やかな法整備や行政施策をおこなわなければならず、事業者は自らが消費者ニーズに適応した事業構造に変化させなければならない。イタリアにおいては、州も立法権を持っていることから、当該地域の独自性を重視した制度を構築でき、柔軟な対応ができるものと思われる。内部的要因に関しては、EUのモデルケースと評価されるファジョーリ農場でさえ、ファウスト氏や主要な農場の構成員が不慮の事態により欠ける場合は施設の存続、経営の継続は難しいであろう。

しかしながら、地域全体の産業、観光業を総体として考えると、地域内において細やかなネットワークやシナジー効果が発揮できるシステムが構築されていれば、地域の総合力で持続性が担保されるであろう。このことは単に困ったときに助け合うボランティア的な行為のみをさすのではなく、金銭授受で義務や権利が明確化された互酬の経済関係が地域の内外に構築されていることを意味する。このような互酬の経済関係は短期間に構築できるものではなく、地域住民が主体となって地域の産業や観光業を維持・発展させるという、決意を伴った日々の生活や生産活動を持続することで実現できるのである。

5　地域への思いをいかに醸成するか

本調査は、ロマーニャ地方において一定の成果をあげている事例のみの分析と考察であった。しかしながら、一般的に個人の自由が尊重されるといわれる欧州の、少なくともロマーニャ地方においては、特に景観保全や産業振興の分野で人々の自由な行動を制約する多くの法律や社会規範が存在することが明らかとなった。人々はそのように制約された範囲の中で、制約の意図を住民が十分に理解し、自由に行動し協同しているのである。

一方わが国においては、同分野における制約は緩やかであり、地域規範のコンセンサスの醸成が以前より困難になっているように感じる。

イタリアにおいては、住民が生活の利便性向上よりも地域の文化や歴史を重んじていること、これを発信・共有しようとする意識の高さが伺える。この住民意識は、「地域の良いところを発見する」という幼少期の「気づき」を重視する教育課程のなかで育まれ、将来の地域活性化や地域規範のコンセンサスの醸成に繋がるものと考えられる。

注

（1）イタリアの地方行政区分の最上単位は、州（regione）である。各州はさらに、県（provincia）に分かれる。各県にはさらに、コムーネ（comune）（市町村に相当）が存在する。つまり、日本の地方行政は都道府県、市町村の2層であるのに対し、イタリアでは州、県、コムーネの3層構造である。コムーネの数は約８１００であり、日本の市町村数約１７００と比べると極端に多く、小規模なコムーネが多い。

参考文献

[1] 田中夏子（２００４）「イタリア社会的経済の地域展開」日本経済評論社
[2] 宗田好史（２０１２）「なぜイタリアの村は美しく元気なのか」学芸出版社

第8章　地域をささえる小水力発電のマネジメント
――岡山県を事例に

本田恭子

1　はじめに

本章では、中国地方、特に岡山県の小水力発電の特徴と動向を把握するとともに、これからの小水力発電に求められるマネジメントの方向性を検討する。

２０００年代に入り、温暖化対策に対する国際的な取り組みの推進を背景に、行政が環境教育や地域のＰＲを目的として小水力発電を新設する事例（秋山　２０１２）や、ＮＰＯ法人が主体となって小水力発電を導入ないし導入を進めている事例（平野　２０１２や秋山他　２０１４など）がみられるようになった。その後、２０１１年の東日本大震災と福島第一原子力発電所の事故をきっかけに、２０１２年に再生可能エネルギー固定価格買取制度（Feed-in Tariff, 以下「ＦＩＴ」とする）が成立したことによって、小水力発電の導入へ向けた動きはさらに広がりつつある。(1)これら２０００年以降の導入事例は小水力発電による農山村への社会貢献を主目的としたものであるといえよう。2014年の農山漁村再生可能エネルギー法成立により、地域振興や地域活性化を目的とした小水力発電の導入はますます活発化すると考えられる。そのため、今後は小水力発電をいかにマネジメントしていくかを検討する必要がある。

ところで、1950年代までの日本において水力発電は主な電力供給源であったが、中国地方ではこの頃に農協などによって多数の小水力発電が導入され、現在まで維持されてきた。したがって、40年以上続いてきた中国地方の事例をみていくことは、小水力発電を維持していくためのマネジメントを考える手がかりとなると考えられる。

本章の構成は次の通りである。次節では中国地方の小水力発電の特徴とこれまでの歩みを、第3節では岡山県内の小水力発電所の概要と近年の動向をまとめる。最後に、岡山県内の小水力発電と2000年以降の小水力発電導入事例との比較を通じて、小水力発電を維持していくためのマネジメントについて検討する。

なお、本稿における「小水力発電」とは、再生可能エネルギー関連法案における定義にならい、最大出力1000kW以下の水力発電を指している。

2　中国地方の小水力発電

(1) 中国地方の小水力発電の特徴

2012年3月末時点で、小水力発電所は全国に510施設存在する。(2) 中国地方には99施設が存在し、中部地方（118施設）に次ぐシェアを誇る。

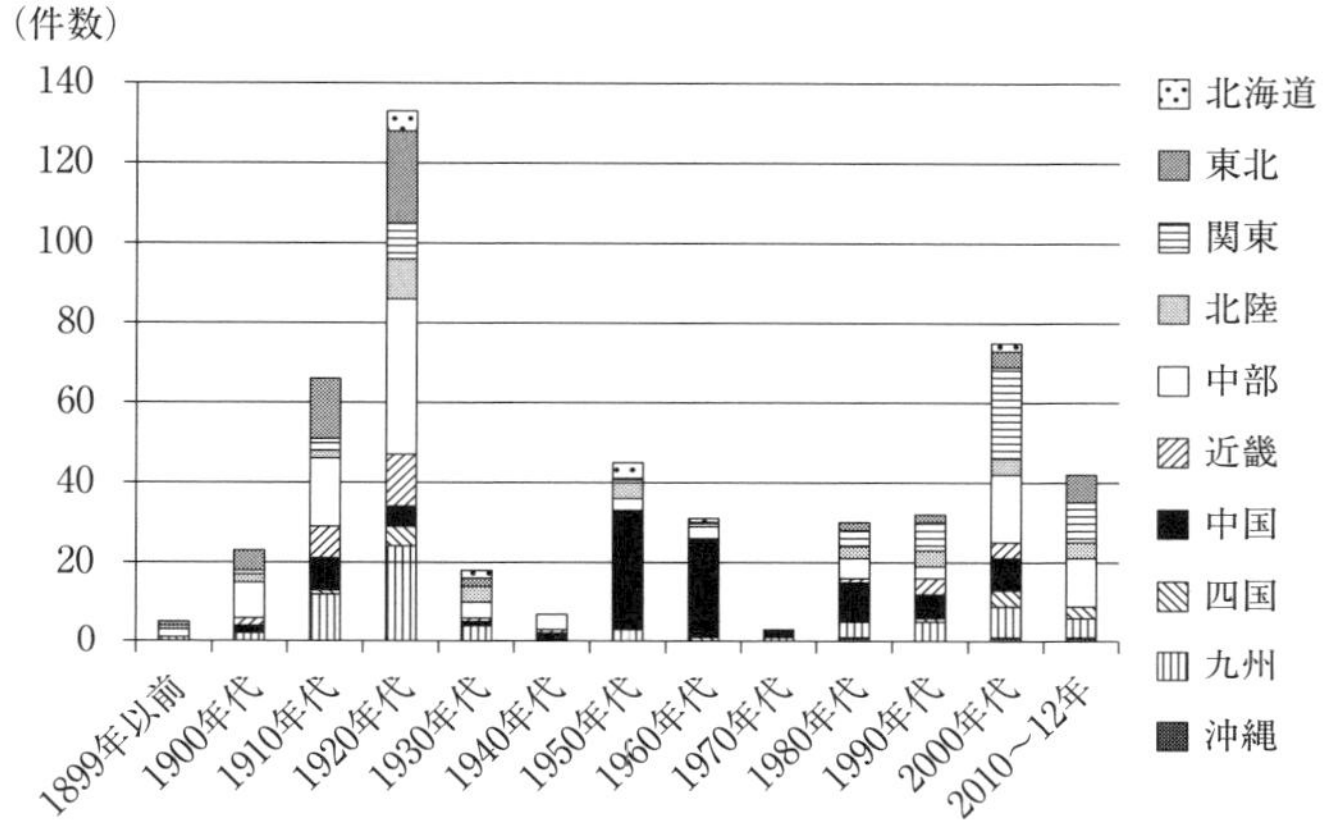

図１　小水力発電所の地域別運転開始件数
資料：資源エネルギー庁RPS法ウェブサイトより、2012年度末時点での認定設備の状況。

中国地方の小水力発電の特徴は、第一に１９５０～60年代に建設された点、第二に農協が主要な事業者である点、第三に中国小水力発電協会（以下、「発電協会」とする）の存在である。小水力発電所の多くが１９２０年代と２０００年代に運転を開始しているなかで、中国地方の小水力発電所の運転開始時期は１９５０～60年代に集中している（図１）。また、全国の小水力発電所の57％が電力会社とその子会社によって運営されているのとは対照的に、中国地方では46％が農協によって運営されている。そのため、農協が事業者となっている47施設中46施設が中国地方に存在する。

第三の特徴としてあげた中国小水力発電協会は１９５２年に設立され、１９５０～60年代に小水力発電所を建設した農協や土地改良区をメンバーとしている。発電協会は会員の運営状況や意向を把握し、中国電力との売電価格の交渉や関係省庁への働きかけをおこなっている。２０１２年７月現在、発電協会には29事業者が加盟し、合計53施設の発電所を運営している（中国小水力発電協会 ２０１２）。このうち広島県が９事業者（22施設）と最も多く、次いで鳥取県８事業者（15施設）、島根県７事業者（10施設）、岡山県４事業者（５施設）、最も少

写真１　桑谷発電所の建屋

写真２　桑谷発電所の発電機

ない山口県は1事業者（1施設）である。

加えて、中国地方のこれらの小水力発電が全て発電目的で水利使用許可を得ており、水路や堰堤などが発電専用のものであることも指摘したい（写真1、2）。近年推進されている農業用水を利用した小水力発電、いわゆる従属発電[3]とは施設面でも大きく異なるのである。そのため、２０００年以降の導入事例（平野　２０１２や秋山他　２０１４など）では出力が数ｋＷ～十数ｋＷ程度であるのに対して、２０１２年時点での発電協会会員の発電所は平均で１９２ｋＷ、最も規模の小さいものでも出力は70ｋＷである。

(2) 導入の背景とその後の経営悪化

１９５０～60年代の中国地方において、農協などが小水力発電所を導入できた背景には、制度の整備と電力会社および地元企業との良好な関係が存在する。

まず、終戦後の農村部における深刻な電力不足の解消を目的として、１９５２年に農山漁村電気導入促進法が成立した。この法律によって、農林漁業従事者の団体が小水力発電を導入する際に、長期かつ低金利の融資を受けることが可能となった。さらに中国地方では、これら団体が発電した電力を電力会社が原価主義に基づいた価格で全量買い取ることにしていた。このことは、発電電力が自家消費分の余りとしてコストに見合わない低い価格で買い取られていた他の地方と対照的であった。

農山漁村電気導入促進法の成立や電力会社による全量買い取り方式の採用にあたっては、電力会社の元役員であり広島県の水車メーカー・イームル工業の創業者でもある織田史郎氏の果たした役割が極めて大きい(4)が、地元企業であるイームル工業が発電所の設計や発電設備の製造を担当したことにより、建設費用とその後の維持管理費用を抑えることも可能となった。

この結果、1955年前後の中国地方では約90施設が建設された（秋山 1980）が、1970年の香々美発電所を最後に、発電所の建設はなくなった。これは、高度経済成長に伴い維持管理コスト、とりわけ人件費が高騰したこと、および低コストの大型火力発電が主流となったことによって売電単価が長期にわたり据え置かれたためである(5)。石油ショック後に売電単価は値上げされたものの、その後は設備の老朽化と多発する自然災害により修理費用が増大したことで、経営困難となる発電所が増えた。2012年時点では53施設が稼働している。

3　岡山県内の小水力発電の現状

(1)　岡山県内の小水力発電所の概要と近年の動向

2014年現在、岡山県内の水力発電所43施設中、出力1000kW以下の発電所は20施設である。このうち5施設が発電協会会員によって運営されている（表1）。岡山県内の発電所は他県と比べて新しく、規模が

表1　岡山県内の小水力発電所および発電設備の概要

発電所名	羽山発電所	桑谷発電所	西粟倉発電所	西谷発電所	香々美発電所
事業者	びほく農業協同組合	津山農業協同組合	西粟倉村役場	津山農業協同組合	香々美川土地改良区
水系	高梁川	吉井川	吉井川	吉井川	吉井川
河川名	島木川	倉見川	吉野川	羽出西谷川	香々美川
発電開始年	1964年	1965年	1966年	1967年	1970年
最大出力	495kW	420kW	280kW	480kW	540kW
最大使用水量	0.42m^3/sec	1.1m^3/sec	0.55m^3/sec	0.6m^3/sec	0.85m^3/sec
FIT設備認定	予定なし	申請中	認定済み	申請中	申請中

注：FIT設備認定に関しては2014年時点、それ以外はFIT設備認定に伴う発電所改修以前のデータである。
資料：聞き取り調査および西粟倉農業協同組合（2002）。

大きいという特徴をもつ。前節で述べた通り、発電協会会員の発電出力の平均が192kWであるのに対して、岡山県内の発電所の最大出力は280～540kWである。また、会員の発電所の運転開始年が1950～60年代に集中しているなかで、岡山県内の発電所は1964～1970年に運転を開始している（図2）。

岡山県内の小水力発電所の近年の動向として、2点挙げられる。第一に、発電設備の老朽化に伴い、修理や更新にかかる多額の費用が経営状況を悪化させ、発電所の存続に悪影響を及ぼしていた。例えば、津山農業協同組合（以下、「JAつやま」とする）の運営する2施設では、発電機自体は交換していないものの、コイルや水車等の部品交換が重なり、清掃に支障をきたすほど水路が老朽化していた。また、専門技能をもつ管理者が高齢のため、維持管理の人員確保も問題となっていた。そのため、JAつやまでは2009年に一時発電所の廃止が検討されたほどであった。また、西粟倉発電所についても、水圧管から水が噴出するほど設備の老朽化が進んでいたが、水圧管の改修には費用がかかるうえに、改修時には発電所を一時停止しなければならず、売電収益も得られなくなることから、西粟倉村は2012年以前より補助金を利用して改修することを検討していた。

第二に、当初新設の小水力発電のみが対象とされていたFITにおい

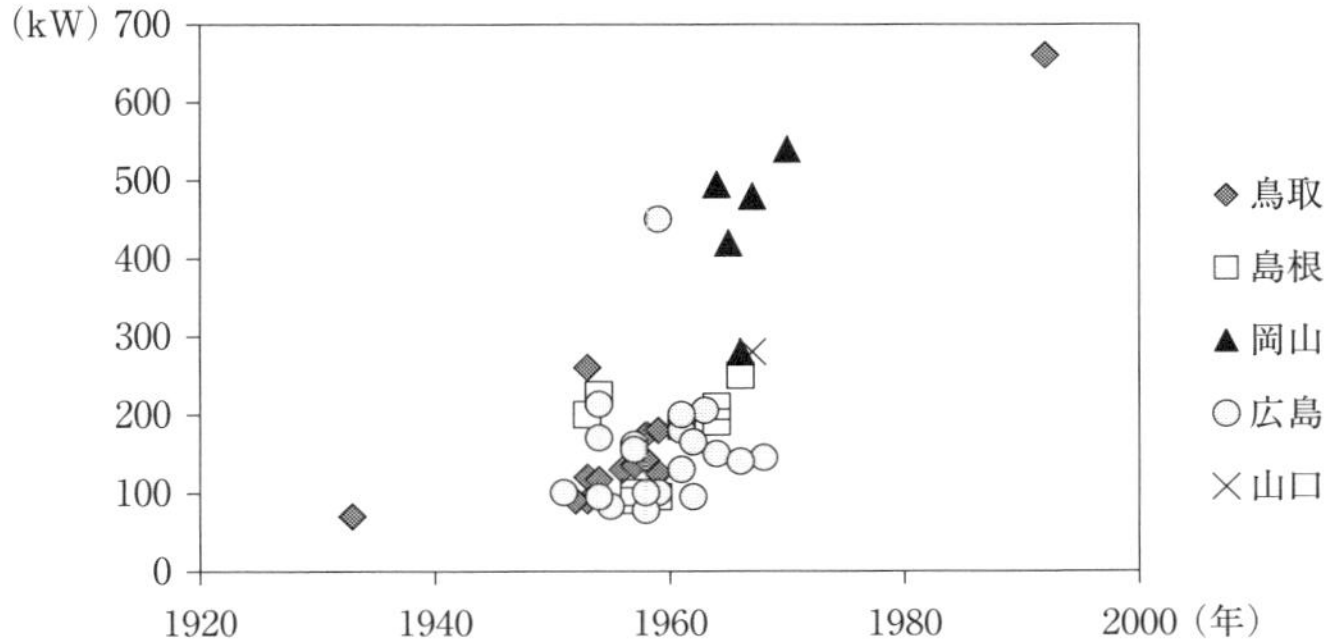

図2　中国小水力発電協会加盟施設の運転開始年と発電出力
資料：中国小水力発電協会（2012）。

て、既存の小水力発電でも大幅な設備更新がおこなわれる場合には制度の対象として認められるようになったことから、設備更新のための投資を回収できる見込みが立つようになった。ＦＩＴに認定されることで、発電電力は以前の3倍以上もの売電単価で20年間買い取られることになる。これにより5施設中4施設が大幅な改修をおこなうこととなった。例えば、西粟倉発電所は、西粟倉村がＦＩＴ以前より発電所の改修を検討してきたことから、最も早くに改修をおこない、２０１５年に改修工事が完了した。ＪＡつやまと香々美川土地改良区は、発電協会の研修会で情報提供を受け、ＦＩＴの認定を得るべく改修を決断した。桑谷・西谷発電所は２０１６年内に改修完了予定である。香々美川土地改良区も改修工事計画を立てている。ただし、びほく農業協同組合（以下、「ＪＡびほく」とする）の羽山発電所は、建屋などの施設が道路の対岸に位置するという地理的条件により水圧鉄管などの部品交換に多額の費用がかかり、大幅な改修が難しいことから、ＦＩＴの設備認定を受けず、小規模な改修をおこなって現状維持を図っている。

　また、ＪＡが運営する3施設では、運転開始以降、売電収益は特に活用されていないが、香々美川土地改良区では、売電収益からダムの管理費や改良区の人件費などをまかなうのみならず、支線や末端の水利施設を維持管理する水利組合への維持管理費助成金も支給しており、小水力発電が土地改良区の財政と農業者による維持管理を支えてきた。また、西粟倉村では、ＦＩＴの設備認定によって売電収益が改修以前の4.5倍へ増加すると見込まれることから、売電収益を村の林業振興や再生可能エネルギー普及のために活用することが計画されている。

(2) 住民の関心の薄さの背景にあるもの

岡山県内の小水力発電所が共通して抱える問題として、小水力発電に対する住民の関心の薄さがあげられる。例えば、ＪＡびほくやＪＡつやまでは、農協合併の結果、事業者が変わり、今では農家のみならず職員もほとんどが発電所を知らない。上述の通り、香々美川土地改良区では小水力発電が土地改良区の財政安定化と農業者による水利施設の維持管理に貢献してきたにもかかわらず、発電所に対する農家の関心は低く、設置場所を知らない農家が多い。西粟倉村においても発電所の改修に関する議論は役場が主導しており、取水区間内の慣行水利権を所持する一部地域の住民以外は発電所に対してほとんど関心を示していない。

この背景には、導入後40年以上が経過し、小水力発電の導入当時を知る住民が減少していることに加えて、発電効率の観点から発電施設が上流部の山中に置かれ、維持管理も少数の技術者のみでおこなわれており、発電電力も全量売電されていることから、導入後に住民が小水力発電に関わる機会が極めて限られているという状況が存在する。このことから、岡山県内の事例では、発電事業の採算性を重視して設置場所や維持管理方法を決めた結果、小水力発電を長期にわたり維持できるようになった反面、地域住民と小水力発電との接点が少なくなり、住民の関心や認知度が低下してしまったことが示唆される。

4　これからの小水力発電マネジメントの方向性

(1)　立梅用水土地改良区の小水力発電プロジェクト

ここからは岡山県内の事例と2000年以降の小水力発電導入事例とを比較することによって、小水力発電を維持していくためのマネジメントについて考えたい。

2000年以降の小水力発電導入事例として、三重県多気町の立梅用水土地改良区をとりあげる[6]。土地改良区は一般的には土地改良事業を実施し水利施設の維持管理をおこなう農業者の団体であるが、立梅用水土地改良区は1996年以降、定款を改正し、様々な地域づくり活動に関与して水利施設を活用してきた。2012年より、出力数kWの発電設備を農業用水路に設置して、小水力発電の本格的な導入に向けた実証実験をおこなっている。

立梅用水土地改良区の進める小水力発電プロジェクトの特色は、住民による維持管理のしやすさの優先と発電電力の地域での活用である。前者については、例えば、設置の際に水路の改修工事を必要とせず、地元の電器店でも修理可能な発電装置が採用されている（写真3）。また、農産物加工施設や農家レストラン、学校・図書館に隣接する水路に設置して、従業員や関係者が維持管理を担当することになっている（写真4）。これら施設は平地にあるため、山あいに発電設備を設置するよりも水量や落差が小さく、発電効率は落ちる。しかし、従業員や関係者が移動に時間をかけずに維持管理できるというメリットがある。また、住民が日常的に目にする場所に発電設備を設置することで、こまめな維持管理も可能となる。このことから、立梅用水土地改良

写真３　展示されている小水力発電装置

写真４　実証実験をおこなった水路

区においては、発電出力の制約となり、ひいては採算性の悪化につながる立地条件（落差の小さい水路）が、小水力発電に対する住民の物理的・心理的距離を近づける効果をもつものと考えられていることがうかがえる。このことは、岡山県内の事例において、小水力発電事業の採算性が高まる立地を選択した結果、小水力発電に対する住民の関心が失われていることと対照的である。

住民の関心についていえば、立梅用水土地改良区では、小水力発電は単なる発電事業ではなく、地域活性化のためのツールとして明確に位置づけられている。そのため発電電力は売電せず、隣接する施設で利用することとなっている。具体的には、特産品加工やレストランのイルミネーションのための電力利用や学校教育への活用が計画されている。このように発電電力や発電設備を地域で活用することによって、小水力発電とその維持管理に対する住民の関心も向上することが期待されている。

立梅用水土地改良区がこのような方針を打ち出した背景には、長年、改良区の用水を利用して発電所を稼働させてきた電力会社の運営を間近で見てきた経験がある。立梅用水土地改良区は規模が小さいため、電力会社がおこなっているような高度かつ専門的な維持管理を自前でおこなうことや維持管理のために技術者を雇用することは難しいと考え、住民が主体となって維持管理できるような小水力発電をめざすことになった。

（2）小水力発電マネジメントの2つの方向性

岡山県内の事例と2000年以降の導入事例とを比較すると、小水力発電事業のマネジメントには2つの方向性が存在すると考えられる。それは、専門的な運営・維持管理をおこなって発電事業単体での採算を合わせることをめざすものと、住民参加型の運営・維持管理をおこない、発電事業を含む地域の様々な活動を総合して採算を合わせていくものである。岡山県内の事例は前者、2000年以降の導入事例は後者にあてはまる。前者については、香々美川土地改良区や西粟倉村のように、多額の収益を活用して地域資源の維持管理や地域振興に貢献することができる。一方で、後者は前者ほどの直接的な経済効果は期待できないものの、小水力発電と他の事業とを組み合わせることによって地域活性化に貢献することが可能であり、また住民が小水力発電へかかわることを通じて地域に対する関心や愛着を深める効果も期待できる。

2014年に「農山漁村再生可能エネルギー法」が制定されたことにより、農山村の振興と活性化のために小水力発電を導入する動きはますます活発化すると予想される。小水力発電事業のマネジメントに2つの方向性が存在することをふまえると、小水力発電を導入する際には、まず小水力発電が地域に対してどのような役割を果たすべきか、すなわち小水力発電の導入目的を明確化した上で、目的に応じた適切なマネジメントをおこなうことが必要である。

また、発電設備および発電出力によって、小水力発電が発揮できる効果や採りうる小水力発電事業のマネジメントの方向性が異なる点には留意すべきである。設置可能な発電設備や発電出力の大きさは自然条件に左右される。例えば、既存の農業用水路に発電設備を設置する、いわゆる従属発電の場合は、水量や落差の点から発電出力に限りがあるため、発電事業単体で採算を合わせて多額の収益を上げることがそもそも難しい可能性がある。一方で、比較的規模の大きな発電所の場合は専門的な維持管理のための人員確保が課題となる。つまり、発電装置の種類や設置場所の選定といった設備面の選択が、その後のマネジメントに大きな影響を及ぼす可能性が高いのである。よって、小水力発電の導入目的に合った発電設備の選択は、小水力発電事業のマネジメントにおいて極めて重要となると考えられる。逆に、自然条件の制約上、小水力発電がどのような形でならば地域貢献が可能かを見極めて、それに対応したマネジメントをおこなうことも重要であると考えられる。

［付記］本章は、本田（２０１５）および本田他（２０１６）の成果をもとに、新たな調査結果を加えて考察部分を加筆修正したものである。

注

（1）資源エネルギー庁によると、２０１５年2月時点でＦＩＴの新規認定を受けている出力１０００kW未満の水力発電設備は２５０件である。

（2）資源エネルギー庁ＲＰＳ法ウェブサイト・設備情報ファイルダウンロード（http://www.rps.go.jp/RPS/new-contents/top/joholink-nintei.html）より、２０１２年度末時点の認定設備の状況。ただし、電気事業者による新エネルギー等の利用に関する特別措置法（ＲＰＳ法）の認定設備に限られ、事業者が公開に同意しない設備は含まれていない点には留意されたい。

（3）国土交通省水管理・国土保全局「小水力発電設置のための手引き」（２０１６年3月公表）によれば、「従属発電は、既に水利使用の許可を受けて取水している農業用水等やダム等から一定の場合に放流される流水を利用するもの」であり、発電によって河川流量が減少しない点が特徴とされる。したがって、定義上、従属発電は必ずしも農業用水とは限らない。しかし、同手引きで紹介されている事例の半数以上が農業用水路に発電施設を設置した事例であるように、農業用水を利用した従属発電はとりわけ注目されている。

（4）織田史郎氏の果たした役割については沖武宏（２０１１、２０１３、２０１５）を参照されたい。

（5）当時の小水力発電経営の厳しい経営状況と価格交渉の実際については秋山（1980）を参照されたい。
（6）立梅用水土地改良区に関する本稿の記述は、2013年11月時点のものである。また、立梅用水土地改良区の取り組みと特色については岡部（2003）や秋山他（2014）を参照されたい。

参考文献

秋山英一郎（2012）「地域資源を活かした街づくり「エコバラタウンつる」を目指して」『電気設備学会誌』第32巻第4号
秋山武（1980）「農協小水力発電の歴史と問題点」『協同組合経営研究月報』323号
秋山道雄・松優男・本田恭子・柏尾珠紀・足立孝之（2014）「水紀行「環境用水万華鏡」用水の多面的機能発揮の試み：立梅用水〔三重県勢和村（現多気町）〕」『環境技術』第43巻第3号
岡部守（2003）「水利施設の管理と地域用水利用との葛藤、相克」『農業と経済』第69巻第4号
沖武宏（2011）「60年前から農協発電を支える水力発電メーカー・イームル工業」『季刊地域』第7号
沖武宏（2013）「中国地方の小水力発電所60年の歴史に学ぶ」『土地改良』282号
沖武宏（2015）「中国地方での小水力発電――60年余の取り組み」『環境技術』44巻6号
中国小水力発電協会（2012）「中国小水力発電協会60周年記念誌」中国小水力発電協会
西粟倉村農業協同組合（2002）「西粟倉村農業協同組合史」岡山県農協印刷株式会社
平野彰秀（2012）「マイクロ水力発電を活用した山村集落の再生」『電気設備学会誌』第32巻第4号
本田恭子（2015）「岡山県の現状からみる小水力発電の今後の展望」『山陽放送学術文化財団リポート』第59号
本田恭子・三浦健志・松岡崇暢・岩本光一郎（2016）「固定価格買取制度以降の中国地方の小水力発電の展開」『農林業問題研究』第52巻第3号

第9章 新たな局面を迎える農業金融
——制度の整備、現状と今後の展開

岡山信夫

1 はじめに

農業経営には、他の産業と同様に、設備資金や運転資金が必要である。必要な資金すべてを自己資金でまかなうことは困難であり、資金調達が不可欠になる。

しかし、わが国の農業には東アジアの農業と同様に、規模の零細性による低収益性、収益性の低さにもとづく投下資本回収の長期化、自然条件の大きな影響など一般金融には乗りがたい性格があるため、民間金融機関にとって融資に慎重にならざるを得ない面があった。

このため、高度経済成長期には鉱工業企業への資金供給が優先され、農業分野へ資金を供給する民間商業銀行はほとんどなく、農村・農業金融においては、農協系統金融機関（農業協同組合、信用農業協同組合連合会、農林中央金庫、以下ＪＡバンクという）と農業政策金融機関が重要な役割を担うことになった。民間商業銀行（主として地方銀行）が農業分野への参入を積極化したのは今世紀に入ってからである。

本章においては、わが国において農業金融がどのように整備されてきたかを概観し、近時の展開をとりまとめることとしたい。

2 農業経営が抱えるリスクを回避するための制度

前述のとおり、農業経営には固有のリスクがあるが、農業金融の円滑化のためにも、そのリスクを軽減する制度が必要であり、以下の制度を順次整備していった。

(1) 農業共済制度

まず、天候等の自然リスクを軽減するための制度として、農業共済制度を整備した。１９４７年に、現在の制度の原型ができた。この制度は、農家の相互扶助という村落共同体の機能を国家が政策的に活用し、農家の経営安定化を図ってきたものであり、村落共同体を基盤とした農業保護政策の一環である。

制度の概要は、農家（耕地）ごとの基準収穫量を各組合が定め、実際の収穫量が①風水害・冷害等の自然災害、②火災、③病害虫により、それを下回った場合、共済金が支払われる、というものである。

図１にあるとおり、共済掛け金は農業者が負担するが、その40～55%を国が補助する制度となっている。共済組合等（農業共済組合と共済事業をおこなう市町村）は、２１１組合等（２０１４年現在）あり、全国の市町村のほとんどすべてがその管内となっている。農業災害は気象の変動など広域な被害を及ぼすことが多いこ

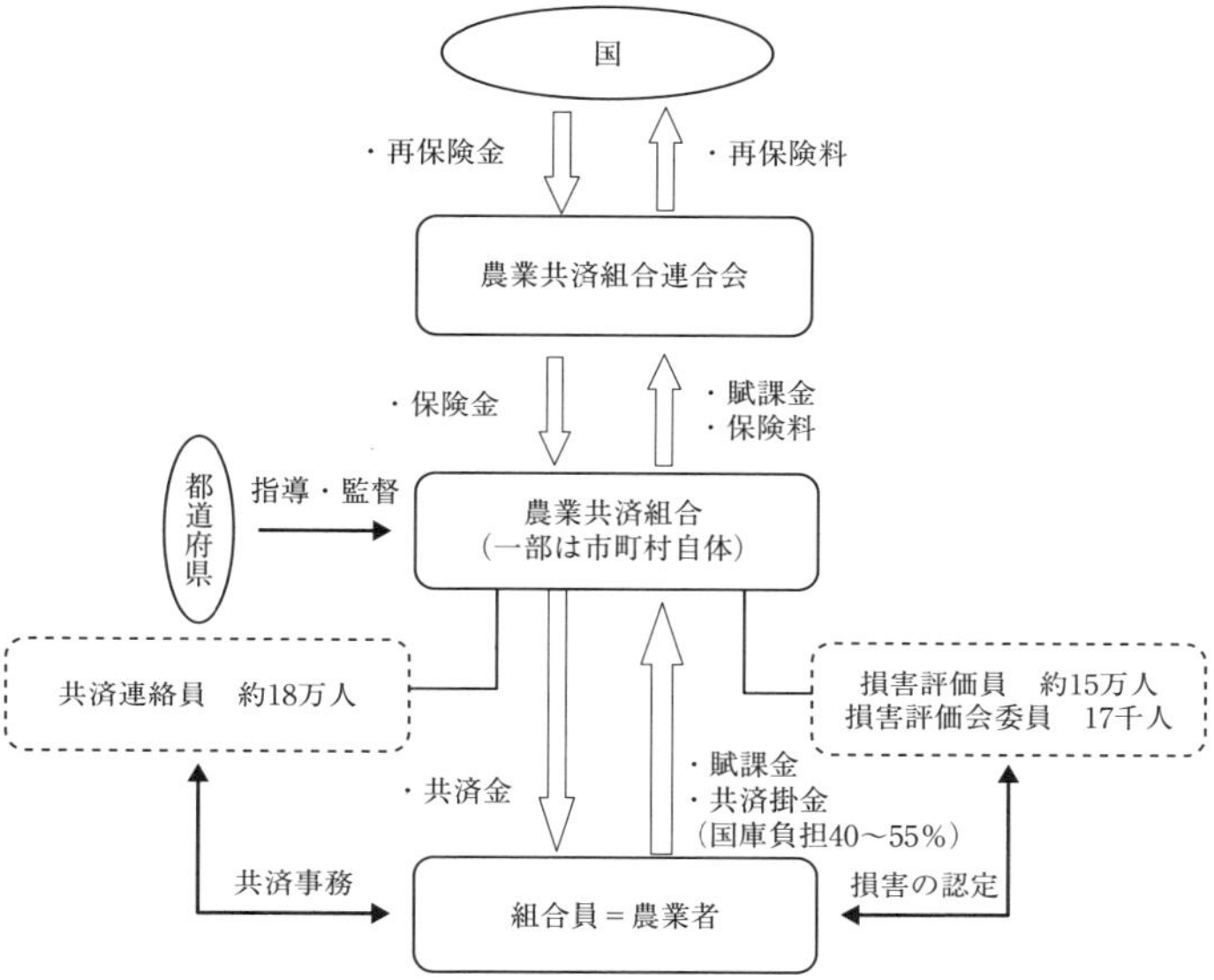

図１　農業共済制度の概要
資料：NOSAIウェブサイト等をもとに作成。

とから、組合管内農家の掛け金のみでは、農家被害の損失をまかないきれない場合がある。そのため共済組合等では各都道府県に設置された連合会と保険契約を結び、保険料・賦課金を支払い、大きな災害の際に連合会から保険金を受け取る仕組みとなっている。また、同じように各連合会は、国（政府）との間で再保険契約を結んでおり、「組合等・連合会・政府」を通じた3段階の責任分担体制により、大きな災害があっても、確実に農家に共済金が支払われる制度を確立している。

(2) 農業制度資金の整備

収益性が低く投下資本の回収に長期を要する、というリスクに対応するための制度も整備された。農林漁業政策金融機関の設立と制度資金の創設である。

日本政策金融公庫農林水産事業本部資金

農業投資は収益率が低く投下資本の回収に長期を要するため、長期低利資金が必要であるが、長期低利資金の供給については民間ではそのリスクを負いきれないこと

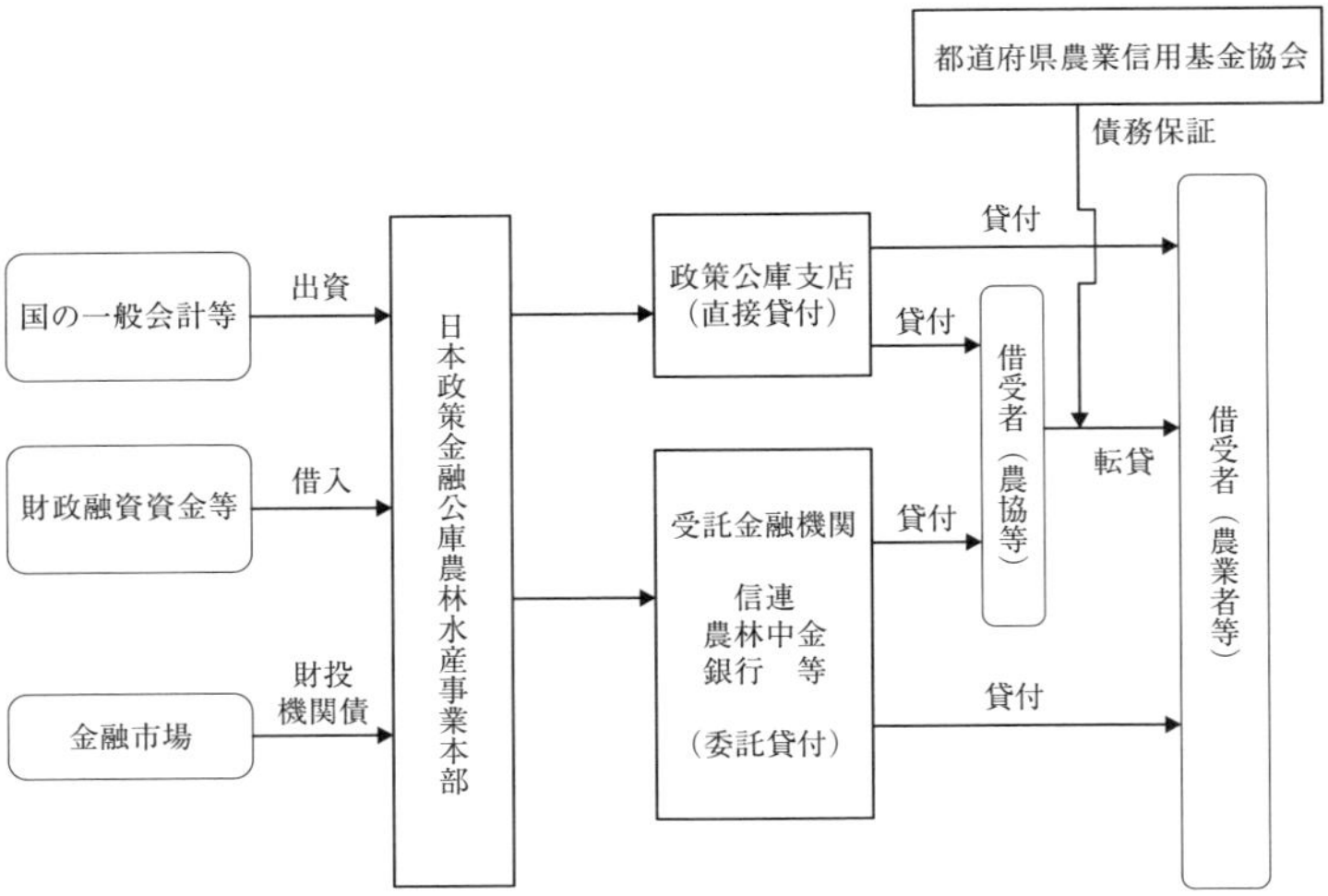

図2　日本政策金融公庫農林水産事業本部資金のしくみ
資料：日本公庫ウェブサイト等をもとに作成。

から、国による補完が必要となった。このために1953年に設立され、重要な役割を果たした政策金融機関が農林漁業金融公庫（2008年に他の政策金融機関と統合され日本政策金融公庫農林水産事業本部となる）である。

日本政策金融公庫農林水産事業本部資金（以下公庫資金という）は図2のとおり、財政融資資金あるいは財投機関債によって金融市場から調達した資金を長期低利で農業者等へ貸し付けるものである。

公庫資金は、創設当初において土地改良資金を中心にしていたが、時代の進展に伴う農政課題の変化に伴い、資金種類が増えていった。その主なものとして、自作農維持創設資金（1955年度）、農業構造改善推進資金（1963年度）、総合施設資金（1968年度）、農業経営基盤強化資金（1994年度、総合施設資金等を継承）、加工流通関係資金（特に1980年代以降）があげられる。

現在における代表的な資金は農業経営基盤強化資金（略称：スーパーL資金）であり公庫資金の7割を占めている。この資金は農地取得、施設・機械投資、果樹・家畜等購入育成のほか負債整理等にも使うことができ、個人向けには最大3億円、法人向けでは最大10億円の融資が可能で、返済期間は最長で25年である。

農業近代化資金

公庫資金は日本農業の近代化に大きな貢献を果たしたが、民間金融機関の資金を有効に活用する制度も作られた。それが、1961年に創設された農業近代化資金である。

この制度は、民間金融機関の中長期融資に国・都道府県が利子補給を実施するものである。公庫資金が国家資金の直接的供与であるのに対して、民間資金を原資とする融資に「官」の利子補給が供与される点に特徴をもつ。原資は「民間資金」であり取扱い金融機関は限定されない。ただし、前述のとおり高度経済成長期には民間金融機関は農業融資に関心を持たず、「民間資金」として活用されたのは「農協資金」が大半だった。融資期間は最長20年であるが、公庫資金に比べると融資期間が短く比較的小口の融資が多いという特徴があり、とくに農業用施設、農機具投資に利用されている。

農業近代化資金は、農業近代化に資することを目的にしているが、農業生産資金だけでなく、農村環境整備（1966年度〜）、観光農業施設（1971年度〜）、新規就農者向けの特定農家住宅（1972年〜）も融資対象にしている。

(3) 農業信用保証保険制度

農業共済制度や農業制度資金により、農家も金融機関も一定のリスクから免れることができた。しかし、農業経営が有する脆弱性にともなうリスクまでは、回避できない。このため農業部門へ安定的に資金供給をおこなうためには、さらに一定の信用補完制度が必要であった。そのため、金融機関の農業貸出リスクを軽減する

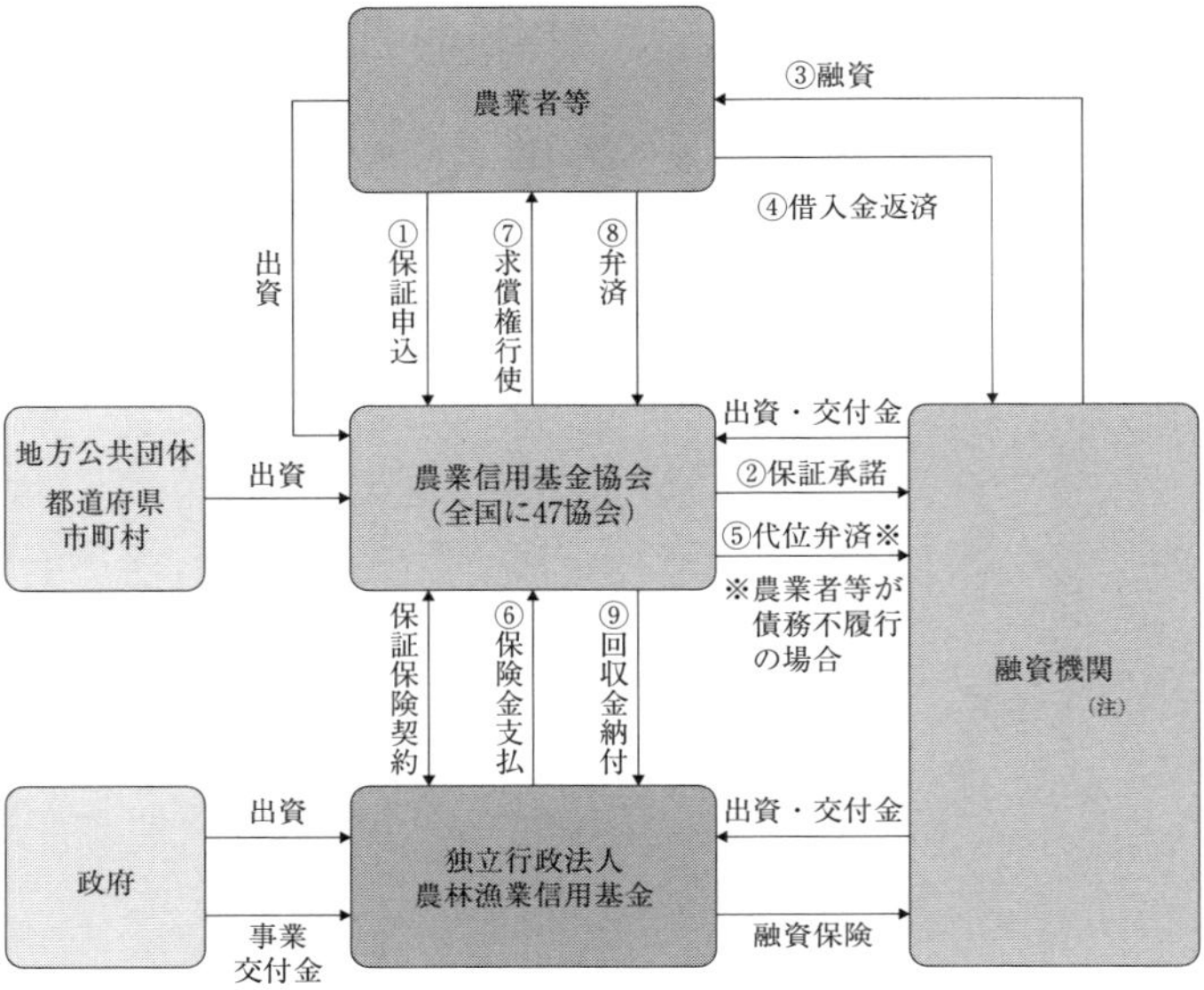

図3　農業信用保証保険制度のしくみ

注：融資機関は、農協、信用農業協同組合連合会、農林中央金庫、銀行、㈱商工組合中央金庫、信用金庫及び信用金庫連合会、信用協同組合及び信用協同組合連合会。

出所：「農業信用保証保険制度のご案内」（平成27年7月）。

ための制度として、農業信用保証保険制度が導入された（図３）。

前述の農業近代化資金の創設にあわせ、１９６１年、農業信用基金協会法が制定され、各県単位に保証機関である農業信用基金協会（以下、基金協会という）を、県と農業協同組合（以下農協という）等の出資により設立し、金融機関の農業者貸出について基金協会が債務保証する仕組みができた。

債務者となる農業者等が、基金協会に保証料を支払い、債務不履行の場合には基金協会が金融機関へ代位弁済する仕組みが基本となる。また、１９６６年には各県基金協会のリスク分散の必要性から、全国機関である農林漁業信用基金を設立し、県基金協会の保証リスクを保険する体制を確立した。

基金協会の保証は、会員（会員が農業協同組合である場合、その組合員を含む）であれば利用できる。会員になるには、基金協会が定めるところにより１口（１万円）以上の出資が必要である。

融資機関はＪＡバンクに限らず、銀行、信用金庫、信用組合などの農業者向け融資が保証対象になるが、基金協会の債務保証の最高限度額は、自己リスクの保証残高（農林漁業信用基金の保険金額に相当する額等を除いたもの）で基金の20倍（保証倍率）前後と定められていることから、債務保証の利用者である農業者等被保証者と融資をおこなう融資機関とで保証利用額に応じた負担（会員資格がある農協等は出資、その他金融機関は交付金）をする必要がある。

なお、基金協会（全国合計）の保証収支（保証料＋回収金－代位弁済金）は黒字で推移しており、融資機関の信用リスクは債務者が負担する保証料によってカバーされているとみることができる。

3　農業金融の現状

(1)　JAバンクと日本政策金融公庫が中心的役割

先に述べたとおり、農業金融においては、JAバンクと日本政策金融公庫（以下日本公庫という）が中心的な役割を担ってきた。農業向け融資残高の動向は表1のとおりである。

JAバンクの農業融資残高1兆9532億円のうち、農業関連団体向けが32％、畜産（酪農を含む）向けが18％、穀作向けが13％、野菜・園芸向け9％などとなっている。

日本公庫の農業資金残高1兆5295億円のうち、資金種類別貸付金額では農業経営基盤強化資金（スーパーL資金）が7割を占め、営農類型別構成比では畜産が60％、稲作・畑作13％、施設野菜・花卉9％などとなっており、畜産向けのウエイトが大きい。

表1　ＪＡバンク、日本公庫、国内銀行の農業向け融資残高

（単位　億円）

	2011年度末	2012	2013	2014
ＪＡバンク	21,760	21,389	20,805	19,532
〃の日本公庫受託資金	5,997	5,553	5,103	4,820
日本公庫の直貸等	8,598	9,142	9,761	10,475
国内銀行（農業＋林業）	5,787	5,839	6,022	5,938

資料：日本公庫農林水産業「業務年報」、農林中央金庫「農林漁業金融統計」、日本銀行「貸出先別貸出金」から作成。
注１：JAバンクの受託貸付金は農林中央金庫資料による。
　２：国内銀行は、農業・林業向け貸出金。

（2）ＪＡバンクにおける農業金融の経過と特質

農協は農家組合員が組織する協同組合であり、信用事業のほか営農指導事業、販売・購買事業、共済事業等をおこなうことができる総合事業性に特色がある。農協が農業金融において中心的な役割を果たしてきたのも、協同組合の理念にもとづく相互金融の実践に力を入れてきたと同時に総合事業性において強みを発揮できたからである。

すなわち、農協は生産資材を仕入れ、これを農家に供給するが（購買事業）、この際、売掛あるいは現物貸付という形で、農協から農家に対して信用供与がおこなわれた。これに加え、地域によっては農協が農業倉庫を設置し、入庫する農産物を担保につなぎ資金を融資する仕組みも同時におこなわれようになった（坂下２０１６）。そして農家が農協に農産物の販売を委託（委託販売）、あるいは農協が農家から農産物を買い取って販売する（買取販売）ことで購買事業での信用供与の回収原資が確保される。つまり、総合事業による実質的な農産物担保融資が可能だったのである。もちろん、営農指導による農業経営の安定化への貢献も大きい。

典型的な例は北海道における農協の農業融資である。営農前に年間の収支計画である「営農計画書」を組合員である農家が作成し、農協の指導部門（あるいは信用事業部門）が審査したうえで年間の運転資金の上

限が決定され、その範囲内で営農・生活資金を融資し、経済事業による販売代金の入金等により返済されるという仕組みである。農地に根抵当権が設定されることがあるものの、農産物売掛金を実質的に担保とした対人信用取引であるといえる。このような農業金融手法は北海道で一般的に活用され、経営規模拡大にも貢献した。

（3）農協信用事業の概要

ここであらためて、農協信用事業の概要をみておこう。

２０１６年1月現在の信用事業をおこなう総合農協数は６７９組合である。政府の出資はなく、組合員一人一票制による民主的運営がなされる、非営利、相互扶助を目的とした民間組織である。

市町村単位に農協があり、地域に密着した活動を実施し、さらに県段階で連合会を組織し、農協だけではおこなえない業務を補完する。また、県連合会は全国連合会を組織し、全国段階で必要な業務をおこなっている。信用事業を例にとれば、信用事業の全国連合会である農林中央金庫（以下農林中金という）が、全国統一のシステムを運営し、また、全国共通の金融商品を開発・提供し、リスクマネジメントについての方針について共通のものを提供している。

２０１５年3月末の農協の貯金残高合計は94兆円であり、貸出金合計は21兆円（公庫資金・金融機関貸付を除く）、信用農業協同組合連合会（以下信連という）および農林中金への預け金が合計67兆円である（図４）。

農協の貸出金のうち、長期資金が20兆円であり、そのうち住宅資金が11兆円を占める。また、農業向け貸出は1.3兆円であり近時の農業資金需要の減少を反映したものになっている。

信連資金の大半は農協からの貯金である。信連においても県域の金融機関として融資業務をおこなうが、融資残高は５兆円（うち長期貸出が4.6兆円）にとどまり、資産の過半以上の36兆円が農林中金への預け金となっ

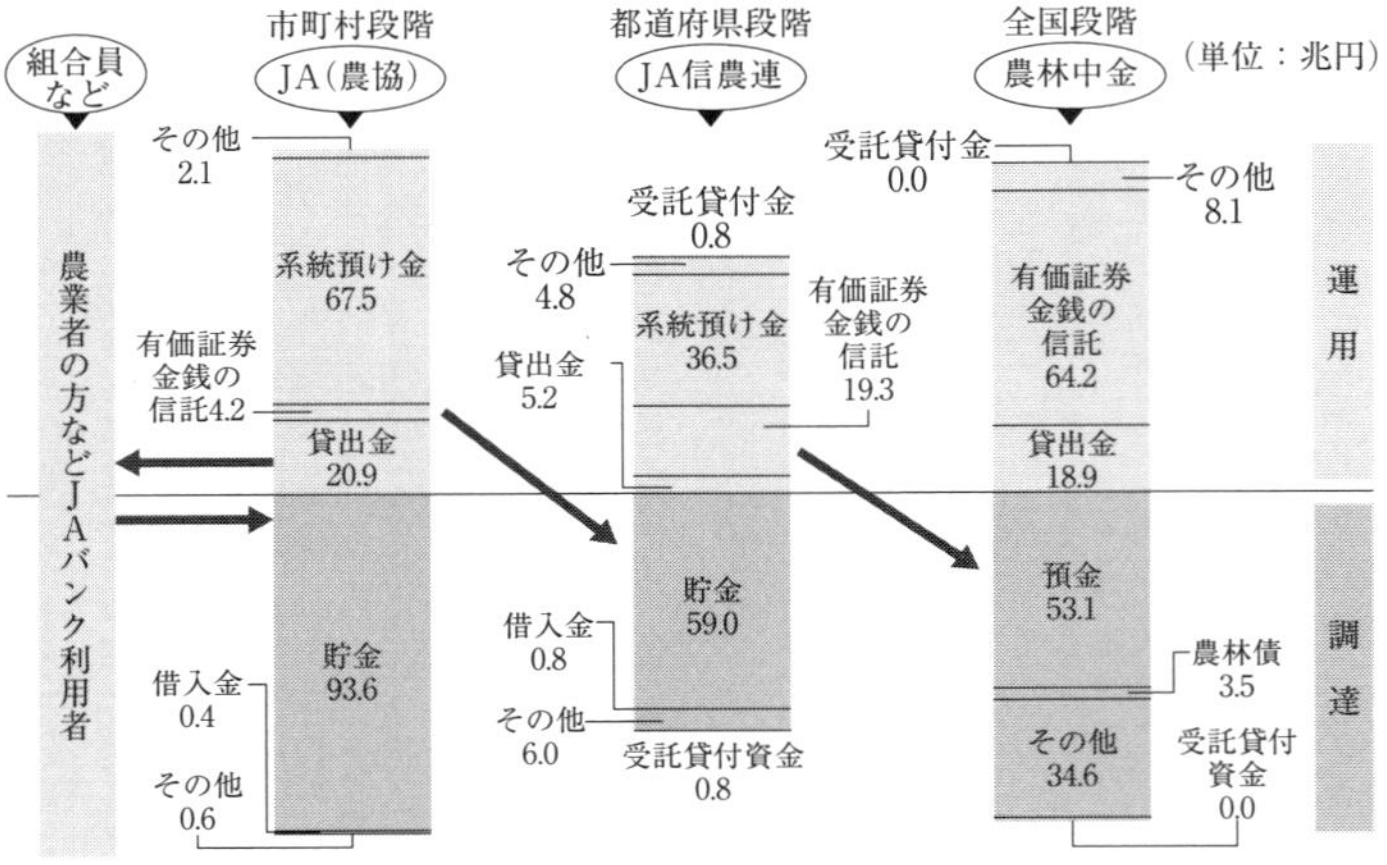

図 4　JA バンク組織内の資金の流れ（2015 年 3 月 31 日現在）
出所：JA ファクトブック 2015。

ている。

農林中金の総資産は93兆円であり、うち有価証券および金銭の信託残高が64兆円、貸出金は19兆円である。

信連および農林中金で資金運用された結果生じる収益は、農協へ協同組合組織特有の配当等のかたちで収益還元され、農協の経営を支えている。

4　農業金融の新たな展開

農業金融は、前述のとおりJAバンクと政策金融機関がその中核を担ってきたが、近時において農業法人向けの新たな取り組みが活発になってきた。資本供与と地方銀行の農業金融参入である。

(1) 投資円滑化法による農業法人への資本供与

農業の経営拡大期においては、他産業と同様に必要な投資のための多額の資金調達が必要になる。法人経営の増加は農業分野での資金調達構造でより企業的な調達手法への移行を

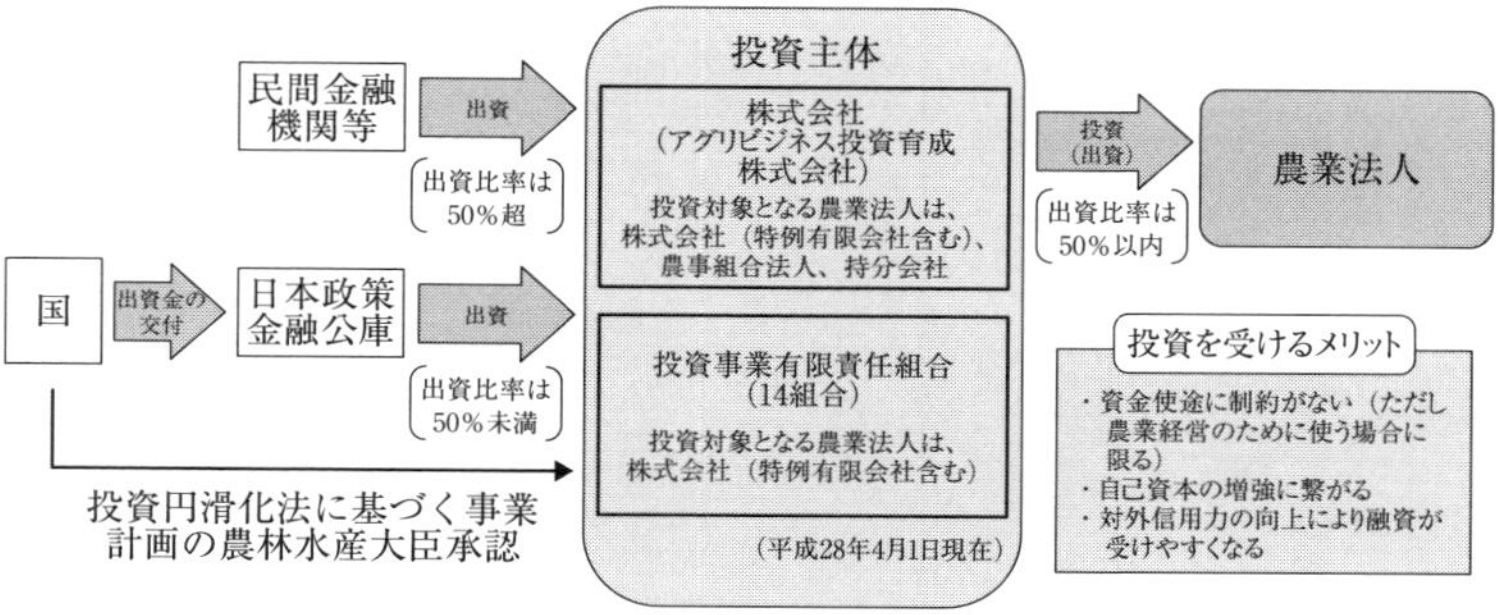

図5　投資円滑化法による農業法人への投資（出資）のしくみ
出所：農林水産省ウェブサイト。

伴うことになるが、自己資本が脆弱な法人が多く、資本増強手段が必要となっていた。

このような状況を受けて、出資と融資の一体的提供を円滑におこなう体制整備を目的にして2002年に「農業法人に対する投資の円滑化に関する特別措置法」（以下投資円滑化法）が施行された。

そして同法で位置づけられた出資をおこなう機関（投資主体）として、日本政策金融公庫と農協系統全国機関（農林中金ほか）の共同出資による「アグリビジネス投資育成株式会社」（以下アグリ社）が設立された。

さらに、投資円滑化法は2013年に一部改正され、投資主体として投資事業有限責任組合（LPS）が追加され、2016年4月現在では同法にもとづく投資主体は株式会社1社（アグリ社）とLPS14組合（地方銀行と日本政策金融公庫が出資）となっている（図5）。

(2) アグリ社の投資実績

近時のアグリ社の投資実績は表2のとおりであり、投資件数は増加傾向にある。自己信託勘定投資の件数が多くなっているが、その内容はJAバンクがアグリ社と連携して農業法人の育成等のために整備した資本供与の枠組み（「アグリシードファンド」「復興ファンド」「担い手経営体応援ファンド」）によるものである。

表2　アグリビジネス投資育成株式会社の近年の投資実績

		2011年度	2012年度	2013年度	2014年度	2015年度
	件数	24	38	54	71	76
	投資額（百万円）	291	473	632	941	1,030
うち自己勘定投資	件数	4	3	7	5	10
	投資額（百万円）	89	110	165	126	258
うち自己信託勘定投資	件数	20	35	47	66	66
	投資額（百万円）	202	363	466	815	772

資料：アグリビジネス投資育成株式会社ウェブサイト。

このうち、「アグリシードファンド」は2010年4月に「資本不足ながら技術力のある農業法人へ資本を供与することにより、地域農業の担い手に育ちうる農業法人の育成に活用する」目的で立ち上げられ、2016年5月には出資件数が200件に到達し、出資残高合計は15億円に至っている。

(3) 地方銀行の農業金融参入

地方銀行は、地域密着型金融の機能強化が政策的にも進められた2005年前後から、新たな融資先として農業法人等の農業経営体に注目し、それらに対する農業融資に積極的に取り組み始めた。その背景には、従来、地方銀行が主な融資対象としてきた中小企業等の資金需要が長期的に縮小する一方で、農業法人数は増加傾向にあり、経営規模拡大や経営多角化によって中小企業と同程度の事業規模へと発展を遂げようとする農業法人が増えているという事情がある。

さらに、ここ数年、国の地方創生政策等地域活性化に向けた動きが活発化していることを受けて、地域活性化の一つの柱として農業分野への関与と融資姿勢をより積極化している。

具体的な取り組みとしては、食品関連企業の地元農産物調達ニーズの高まりを受けた商談会・ビジネスマッチング等の販路開拓支援や経営改善のためのコンサルティング機能の提供、融資先の6次産業化等の新たな事業展開支援、一般企業の借地方式による農業参入増加への対応、などがあげられる（長谷川 2016）。

地域別にみた地方銀行の農林業向け融資残高は表3のとおりであり、九州・沖縄、関東・東山、東北の順に残高が大きく、足下の3年間においても九州・沖縄の増加額が最大である。

5 おわりに

農業経営は今後、都府県においても大規模化が進み、農業法人も増加するものとみられ、農業金融についても、大規模経営体向けの融資のウエイトが大きくなるものと考えられる。

先にみたとおり、農業法人など大規模経営体向けについては、資本供与や地方銀行の参入が進んできているが、同様にJAバンクも農業法人対応を強化している。JAバンク中期戦略（平成28年～30年度）では、「積極的に農業金融に取り組むとともに、商談会やビジネスマッチングによる販路拡大支援、ファンドを活用した六次産業化の取り組み、農業経営に関するコンサルティング機能の提供等の幅広い分野にも積極的に取り組む」としている。

その一方で、わが国農業は大規模経営体のみで支えられるものではないということも事実であり、従来にもまして小規模農業者向けにもきめ細かい対応の継続が必要である。

例えば、長野県JAバンク（県下20JA・県信連）は2016年7月に小規模兼業農家、定年帰農者、Iターン就農者向けに「農業で豊かなライフスタイル応援資金」を創設したが、多様な担い手で農業・農村を支え、地域の活性化を図るという考えにもとづくものである。
大規模農業経営体の資金調達ニーズに的確に応えると同時に、多様な農業、多様な農業主体を支える農業金融が今後も求められよう。

表3　地域別にみた地銀の「農業・林業」向け融資残高、増減額

（単位：億円）

	融資残高（2016年3月末）	増減額（2013年3月末～2016年3月末）
合計（n＝64）	4,060	460
北海道（n＝1）	134	9
東北（n＝10）	546	31
関東・東山（n＝11）	798	76
北陸（n＝6）	332	△36
東海（n＝7）	302	△8
近畿（n＝7）	148	△4
中国（n＝5）	179	42
四国（n＝4）	172	25
九州・沖縄（n＝13）	1,450	324

資料：各銀行の公表資料をもとに作成。
出所：長谷川（2016）。

引用文献

坂下明彦・小林国之・正木卓・高橋祥世（２０１６）『総合農協のレーゾンデートル』
長谷川晃生（２０１６）「事例にみる地銀の農業融資の変遷と新たな変化」『農林金融8月号』

補章

「農企業者」のキャリア形成
——農業キャリアの築き方

多様で複線的なキャリア形成・人生設計のあり方が徐々に一般化してきたことを反映して、「農業をしたい」、「農業に関わる仕事をしたい」、「農のある暮らしを送りたい」といった農業キャリアや人生設計に関心を持つ人が増えている。また、担い手不足が深刻化する農業分野でも、経営の多様な展開を受けて、高度な生産技術やビジネススキルを持った人材のみならずパートタイムやボランティアなど、様々な形で農業に関わる人材が求められるようになっている。

そこで、農企業を経営する経営者（農企業者）や行政・関連業界の関係者を招いてのトークライブ形式により、豊かなキャリア形成・人生設計を図るうえで農業が有望なオプションであることを知ってもらうこと、また既に農業に興味を持っている学生が具体的なアドバイスを得られる場を設けることを主目的として京都大学で「農業キャリア・ワークショップ」を2016年2月13日に開催した。

このワークショップでは、第一セッションとして「企業の農業参入」、第二セッションとして「定住型新規就農」、第三セッションとして「農業法人への就職」、第四セッションとして「農のある暮らし」をテーマにトークライブをそれぞれおこなった。

なぜ今農業に若手の力が必要なのか
――日本農業の過去、現在、未来

第一セッション
千藤賢二（農林中央金庫）
平井達雄（京都市・京つけもの西利 代表取締役副会長）

進行　西利は、本業の漬物以外にも、北丹後に西利ファームを設立し、農業もされておられます。そこで、日本の農業がこれからどうなるのかについて、ご意見をいただけたらと思いますので、よろしくお願いします。

平井　ご紹介いただきましたように、農業生産法人を運営しています。当初は、農業がしたくて農業生産法人をつくったわけではありません。北丹後にある工場の近くに、堆肥化施設をつくりましたが、循環型農業をしようと思ってやったことではありません。あくまで私は漬物屋。漬物製造・販売。製造・小売です。

京つけもの西利ファームでも、大規模な農業をしておりません。別に僕がつくりたくなかった。なぜなら、企業である以上、私どもが農業をして赤字を出したらいけません。ただ、赤字になることは明らかだと私は思っていました。農業生産法人京つけもの西利ファームを設立してずいぶん経ちますが、残念ながら黒字になったことはありません。そういう意味では完全に失格です。

左から、千藤氏、平井氏

なぜ設立したのかというと、たまたま京都の丹後で、京都府のひとつの施策がありました。「あじわいの郷」

構想です。丹後半島は昔から着物のちりめんで、ものすごく栄えてきました。それが、着物産業の衰退が進んだために、丹後地方の農業・観光による活性化をめざして京都府の施策が作られました。20数年前のことです。

そのなかで西利もそこでモノづくり・加工するということで参画をしました。生産者の人との付き合いのなかで、少しでも長い期間栽培できるもの、少しでも良いもの・希望する品質のものを、西利側でも試験栽培しなければならないと思うようになりました。「西利さん、そんなのを人に頼まんと自分でやりぃな」と言われたのを今でも思い出します。そこからいろいろな段階があって、いろいろな方にお世話になって農業生産法人を設立して、今があります。

平井《ひらい》　達雄《たつお》
京都大学農学部食品工学科卒、同大学院修士課程修了、２００５年西利代表取締役社長（現在同副会長）。
「原料野菜がおいしくないと漬物もおいしくならない」と生産者とともに農業生産法人を設立、漬物作りと連携して循環型農業を実践する。

私どもがつくっているものは、かぶら・大根・きゅうり・なすびなどです。地元の生産者と、京つけもの西利、両者にとって望ましい形を模索しながら、日々経営をおこなっています。

今、和食が世界無形文化遺産に登録されました。和食が、やっぱり日本人の健康を支えてきました。今の食事もそんなに悪くはないと思いますが、１９７０年から80年代くらいの食事が一番良いと言われています。そういうものはやっぱり農業によってつくられたものを、また身の回りでとれるものを食べることによってのみ、成り立つと思います。

進行　どうもありがとうございます。千藤さんはいか

千藤《せんとう》　賢二《けんじ》
農林中央金庫の農林水産環境統括部で部長代理として勤務。
個別経営体だけでなく、組織経営体など幅広い農業経営体への経営支援事業に取り組んでいる。

がでしょうか。

千藤　農業と一言で言っても、コメ・野菜・酪農といろいろな種類があり、毎日のように国内産の農産物を当たり前のように食べられるということは本当に幸せなことだと思っています。それを我々としてもなんとかバックアップしていきたいと思っています。

最近は、ＴＰＰをはじめとして、問題がでてきていますが、それを問題というのかチャンスというのかは、人それぞれだと思います。農業は、今まで以上に注目されてきていると日々感じていますが、ここにいる若い人たちのアイデアやチャレンジ精神が、今後もっと業界活性化のために必要だと思います。

進行　ありがとうございます。六次産業化政策などいろいろやっていますが、国が進めようとしている「攻めの農業」についてどのようにお考えでしょうか。

平井　今日は農業が主題のテーマですが、農業であっても他の産業であっても、基本的には一緒だと思います。何をするかが違うだけです。六次産業化とか農商工連携とか、いろいろと言われていますが、基本は連携だと思います。

それぞれの人がそれぞれの行程を一生懸命やったって、なかなか上手くいかない。それなのに農業者が全部どうやってやるのかと思います。もちろん理屈の上では、できますけど。生産者が良いと思う品質・サイズと加工者が良いと思う品質・サイズ、根本的にこの二つは違うのです。

進行　攻めの農業と守りの農業のバランスが、非常に重要だと考えるわけですが、その点について、千藤さんいかがでしょうか。

千藤　攻めと守りの両方が重要であって、どちらかが欠けると大変なことになる。ただ攻めという点では、農業法人の数が徐々に増えていくなかで、いろんなニーズ──例えば、輸出・六次化・販路拡大・ビジネスマッチングが増えています。

　私は金融機関の職員なので、サポートさせていただく場合はやはりお金を融通する。これもひとつの連携だと思っています。そして、ファンド、自己資本のことですが、資本を厚くすることによって、さまざまなリスクを軽減する点も重要だと思います。

進行　体力も含めて若い人たちに、農業の担い手になってもらいたいという思いもありますが、平井さんはどうですか。

平井　丹後でも東京大学を出て就農された方もおられますし、サラリーマンを退職して就農されている方もおられます。攻めとか守りとかというよりも、やっぱり食べる原点は農業・農林水産業です。大規模にするのもいいし、小規模でもいいですけれど、その方がしっかりと目標ある経営を営めるベースを作ることが重要だと思います。

進行　最後に千藤さんにも、その点に関してお話しいただきたいと思います。

千藤　やはり、農業は難しいです。ただ、苦しい、難しいというときも、非常に多々あるのですが、逆にやりがいが大きいと思います。環境の変化、耕作放棄地、高齢化といった問題が言われていますけれども、やはりそういったところを盛り立てていくのは、今集まっていただいている真剣なまなざしで見ていただいている皆様だと思います。

農業で独立!

第二セッション
往西裕之（京都市・テクノロジーシードインキュベーション代表取締役）
深川寛朗（福井県若狭町・神谷農園 代表社員）
八代恵里（福井県若狭町・農業生産法人かみなか農楽舎）

往西（進行）　農業に就業されている方（深川さん）と、就業支援をされている方（八代さん）に登壇していただきました。まずは八代さんに、いろんな方が新規就農希望者として応募してこられると思うのですが、どんな方が来られて、どんな方が向いているのか、お話しいただきたいと思います。

八代　有機農業に興味があってこられる方や、農業を新たなビジネスチャンスと捉えて入ってこられる方もいます。かみなか農楽舎では、メインとなる農作業の研修だけではなく、地域の方とコミュニケーションをしっかりととることが大事だと考えて、地域にいかに定住するかにも重きを置いた研修をおこなっております。

左から、往西氏、深川氏、八代氏

往西（進行）　深川さんは京都出身ですが、若狭町という縁もゆかりもない場所で農業をすることの良かった点、悪かった点をお話しいただけますか。

深川　僕は小さい時から農業がしたくて、小学校の卒業文集にも、農業がしたいと書いていました。農業高校に行こうと思ったら、親には「大学に行ってからでも農業は学べるから、とりあえず普通科の高校に行け」と言われ、あぁこれが親の本心なんだなとその時思いました。
　結局、普通科の高校に進学したのですが、やっぱり農業がしたいと思い、短期大学に行かせてもらいました。大学卒業して、その時も親は「あんたまだ社会勉強もしてないので、どっか近場で働けるところを探しなさい」と言われ、京都府庁の臨時職員になりました。そこで1年間働いてようやくかみなか農楽舎で研修を受けることになりました。かみなか農楽舎は、京都から近いこともあるし、僕には良いところですし、田んぼがしたかったので、水稲が中心の町なので、行って良かったと思っています。

往西（進行）　2年間の研修内容を教えてください。

八代　基本的に2年間の研修で、水稲中心になります。来られる方の大半が初心者の方ですので、基礎から指導しています。1年目は農楽舎のある集落の水田で、指導者と一緒に実地作業をするのみです。2年目は、各研修生に3㌶ほどの農地を任せ、栽培計画・管理・販売まで、就農した時を想定して研修生自身に決めてもらいます。
　農楽舎での研修では、研修期間中に販売した営業先のお客様をそのまま引き継いで卒業する制度になっているので、研修期間中に頑張って顧客を掴めば掴むほど、よい条件で就農できる仕組みです。もちろん、機械のメンテナンス、免許取得、農業簿記、あと加工技術などは座

往西《おうにし》 裕之《ひろゆき》（進行）
日本アジア投資㈱を経てテクノロジーシードインキュベーション株式会社を設立し「産学連携で新技術をニュービジネスへ」を合言葉に研究開発の事業化促進やベンチャー支援をおこなう。
　アクシオヘリックス㈱監査役及び事業再生に成功した㈱イオンテクノセンター取締役会長。

深川《ふかがわ》 寛朗《ひろあき》
非農家出身だが幼少の頃より農業に関心を持ち、福井県上中（現若狭）町で就農・定住事業を行う農業生産法人『かみなか農楽舎』での研修の後、地元の大規模農家と合同会社「神谷農園」を設立。
　2009年に代表社員となり経営を継承した。

八代《やしろ》 恵里《えり》
平成16年4月「かみなか農楽舎」の研修生として2年間の研修後、平成18年4月同法人社員となり、体験事業を中心に研修生の育成や農作業、営業販売等を担う。農業体験では教育旅行や各種大学等と連携し年間約2千名を受け入れる。

学で研修を受けてもらっています。

徃西（進行） 深川さんは、若狭町で経営していた水田経営を継承する形で、新規就農されたのですが、その点で何か苦労はありましたか。

深川 継承した経営をしていた親方が、去年に亡くなりました。それまでその親方について回って、いろんなことを教えてもらいました。ですが、もともと家族経営ですので、僕一人だけが他人で、親方家族3人と僕1人です。確かにもう3対1みたいな、敵じゃないですが、そういう面を感じたこともありました。逆に、僕も同じ家族にいれてもらえていると思う場面もありました。

農楽舎にいたときに、親方と会って一緒に作業するマッチングという研修があったのですが、「この方やったら僕は尊敬できるな」と思って、一緒に経営をすることにしました。

徃西（進行） 深川さんは、継承された経営の将来像・夢をどのようにお持ちですか。

深川 地域の農地を守っていかないといけないという思いがあります。今、経営面積は約17ヘクタールですが、これから周りの農地が次第に余ってくるのを感じています。その農地を維持していけるように、していきたいなという思いはあります。それは守りかもしれないですが、逆に自分のところの面積は拡大してくるので、それを攻めに変えていかなければならないと感じています。
　僕の夢は、若い方がどんどん地域に来て、地域がどんどん活性化していく、繋がりができていく、そんな地域ができたらいいと思います。

徃西（進行）　八代さんから、これまでどのくらいの方が深川さんのように、後継者になられたかについて、教えていただけますか。

八代　農楽舎ができて、今年で15年目を迎えました。２年間の研修を終えて、卒業した方が40名で、そのうち22名が若狭町で就農定住しています。その22名の農地を合わせますと、約２００ヘクタール強になっています。これは、畑の部分、ハウスも含めています。また、新規就農した者が、家庭を築き子どもができてということで、家族を入れると58名に上っています。

会場　農業で働きたいとなった時に、資本金というか、どれくらいのお金を持って臨めばいいのか、教えてください。

八代　国の青年就農給付金という補助制度があって、２年の間１年あたり１５０万円が補助されます。また、青年就農給付金の開始型という制度もあって、５年間支援が受けられるので、全部合わせると７年間で約１０００万の支援が受けられます。その制度が始まる前は、農楽舎単独で２年間の研修期間中に、１年目に月５万円、２年目に月７万円を支給していました。また、町内で就農いただいた方には、就農給付金の１５０万円とは別に、42万円を支度金として支援しています。研修生で真面目に貯めている方は１００万円ほどを貯めて卒業します。
　ただ、青年就農給付金というのは、もし3年以内に就農をしなかった場合は全額返納の義務が生じますので、不安はあります。農楽舎では、独自の研修奨励金を出しています。少ない給与をもらうか、国の補助制度でリスクをとってするかは選択制にしています。

農業法人に就職！

第三セッション
大島一夫（大阪府泉南市・阪急泉南グリーンファーム 取締役社長）
丸一 浩（奈良県宇陀市・類農園《るいのうえん》 前代表）

進行 まず、大島さんに経営の概要をお聞きしたいと思います。

大島 私どもは、現在大阪府泉南市と奈良県宇陀市という平地と中山間地域の2か所で、同じ作物を年中栽培、いわゆる産地リレーをしています。あと、協力農場が全国何か所かあり、協力農場と自社農場の作ったものとを組み合わせて、出荷しています。また、加工会社と連携してカット野菜を作っていて、それをスーパーマーケットに出しています。最後に、スーパーマーケットの店頭で地場野菜のコーナー展開をしており、だいたい２００店舗のコーナーを弊社がコントロールしています。

進行 では、丸一さんに、類農園のご紹介をお願いします。

丸一 類農園の丸一と申します。類グループという会社があります。大阪と奈良に類塾というのを展開している会社です。類グループとして教育事業の類塾、それから設計事業部としての類設計室、それから不動産事業の類地所、それから社会事業と申しまして出版・ネットの運営をする事業部、そして農園事業部があります。ただ、法律の問題があって有限会社類農園という独立した法人形態をとっております。

左から、丸一氏、大島氏

類農園は１９９９年設立で、奈良県の宇陀市と三重県の度会町の2か所に農場を持っています。うちの特徴としましては、自らの直売所を経営しています。大阪府茨木市の彩都西駅と御堂筋線の西中島南方駅の近くに直売所を経営しています。店舗を展開するにはうちの農産物では足りないので、農家をネットワーク化しています。

それと同時に、類塾と共同して自然体験学習教室をしています、小学生対象です。それ以外に、新規就農者に対する研修事業や、企業や個人の農業体験の受け入れもしています。

進行　農業法人ということで特徴のひとつは、人を雇って経営をされているということです。人を雇い、どうやって育てているかについてお話しください。

大島　会社を設立した当時は、本当に少人数で、部門もなく、事務担当もいませんでした。そんな時代もあったのですが、今では有り難いことに少しずつスタッフを増やすことができまして、今は約45名でやっています。

そのスタッフを4部門に分けています。一つ目は農場部門で、単純に作っていく、栽培をしていく。今ここの部門を増強中でして、去年も2～3棟、50メートルほどのハウスを建てました。二つ目が流通部門です。カット野菜とスーパーマーケットの産直事業です。三つ目が、物流部門です。物流をどう組み合わせて、いかに効率よく物を供給先に配達するのかという物流セクションです。それと最後は、事務部門です。受注をいただいたものを、い

大島《おおしま》　一夫《かずお》

阪急百貨店の食品販売部勤務時に新規事業の有機野菜栽培の立ち上げを任され現職。

農業は素人だったが農家から栽培を学び3年目に黒字達成。水菜、グリーンリーフ、ルッコラなどを栽培、経営面積や販路を拡大し野菜の集出荷事業も展開。

丸一《まるいち》　浩《ひろし》

㈱類設計室に就職後、社内での農業事業立ち上げに参加。兵庫県で有機農業と農業体験の研修を受けた後、奈良県宇陀市にて類農園を開設。有機野菜栽培やインターンシップ事業を展開。

耕作放棄地の活用や消費者との交流にも取り組む。

かに生産、収穫を効率良く短時間で収穫して、どこに出していくのかを振り分ける部門です。この4つの部門で運営しています。

これから求めていく人材ということで、「今何をしないと20年後に生き残れないのか」を常に考えています。その上で今やるべきことは、まず、人を育てること、そして基盤を築くこと、生産基盤を強固にすること、これだと思っています。育てていくという面で、一番気を割いていることは、どうしても部門意識ができてしまうということです。悪いところだと思っています。作る人間は作ることしか考えない。販売のことを考えない。大企業じゃないのに大企業みたいに思ってしまうというようなところが出てきていますので、今は盛んにジョブ・ローテーションをしています。

丸一　私自身も元々は建築の設計をしていました。でも、面白いもので農業というのはやればできるのです。農家の組織化担当や栽培部門にいる人間も、全然違う学部から来ています。農業とはそういう意味では非常に門戸が広いのです。

実際の仕事の中身というと、うちの場合も栽培部門が大きくあります。農業生産の部門です。それから、今強化しているのが販売部門で、さきほど申し上げました直売所の運営です。栽培部門の人間が直売所に来て販売するということは頻繁にやっています。そうしないと、同じところが見えないです。だからうちに就職すると、栽培部門の人間も販売するし、販売部門の人間が逆に栽培の仕事もします。

「自分の仕事さえやっていればいい」ということでは、農業そのものは無理だと思っています。自分たちの会社、あるいは社会も含めて、自分たちで作るんだという意識でもって、農業に取り組む必要があると思います。

進行　お二方とも、非農家出身です。農家出身でない方が、農業に入ってきたときの強みと弱みを教えていただけますか。

丸一　最初に、農業法人を立ち上げたとき感じたのは、

「こんな儲からん仕事ないなぁ」ということ。なかなか利益を出すのが難しいというのが一番の実感ですね。建築の設計をしていた時にはちょっと図面を描けば、何千万、何億、簡単に動かすことができます。ところが農業の場合は、紙袋一個とか、種一粒数えながら、「いくら儲かった」という世界です。

本当に面白いと思ったのは、農産物は手をかければかけるほど良いものができてくる。それをお客さんに「美味しかったよ」と言われると、涙が出るほどうれしいですね、自らの成果が本当にダイレクトに返ってくる世界です。自分が選んだ、あるいは農家の方にお願いして持ってきてもらった商品、それをお客さんから美味しかったよとか、また買いに来るよと言われた時は本当に嬉しいですね。

大変なのは、農業というのはやっぱり人と人のつながりが一番大事です。地域との関係もそうです、地域の方々とちゃんとやっていかないといけない。これは法人、農業法人に就職したって一緒です。だから、人と繋がるのが嫌やという人はやっぱり農業は無理だと思います。人と繋がって面白い仕事してやりたいなという人ほど、是非農業にチャレンジしていただきたいと思います。

大島　私の会社には中途採用のメンバーが多くいます。ラーメン屋の元店長や元美容師やホテルで花をデコレーションしていた女性など、いろんなメンバーがいます。違った業種にいたからこそ、新しい違う観点でものを見られると思います。もちろん新卒のメンバーもいます。

農業の面白さというのは、私は3つあると思っています。農業生産は不安定です。だから、相場があります、そこにポイントがあります。ものがない時に、自分は持っている。そのようにするにはどうすればいいか考えるのって楽しいですよ。それ以外にも、こういうパッケージにすれば、20円プラスして売れるのではないかとか、ものを創造していく喜びですね。

二つ目が、メンバーが増えていく喜びですね。うちの会社が社会のニーズを得て、そして利益を増やして、メンバーも増えていく。そういうメンバーが増えていく喜びを感じながらやっています。

三つ目がトライするチャンスが多いことですね。実際に、スーパー、コンビニ、消費者らが次々に要望を出してきます。その要望に対して、「分かりました。じゃあトライしていきます」といえるところですね。それがひとつの農業の面白さじゃないかなと思います。障害となるものは、気象です。それを打ち破っていくことで、いろんなものが開けていくと思います。

会場　実際に農業における販売競争がどのくらい激しいのか教えてください。

大島　特に、カット野菜業界は乱立状態で、大変になっています。そこはやっぱり原料を出荷する生産者としては、「もっとこんなもんできますよ」とか、「こんな味になりますよ」「これほど歩留まり良くなりますよ」という話を、発注を受けるだけではなくて、こちらから発信しています。そうなれるようにメンバーで話をしています。まだまだ生産基盤が弱いので、やっぱりやらなくてはいけないことは、どうやったら夏場に安定して作れるようになるかです。

質疑応答

農のあるくらしを生きる！

第四セッション

鹿取悦子（京都府南丹市美山町・観光農園江和ランド）

進行　鹿取さんは京都府南丹市美山町に移住し、観光農園江和ランドで勤務されております。また、株式会社野生復帰計画取締役も務められております。このセッションでは農業を、暮らしの面から、暮らしのなかに農業を含んで考える、そういう生き方について、鹿取さんのお話を伺いながら考えていきたいと思っております。

鹿取　私は、京都大学農学部林学科の出身です。学生時代は、野生生物研究会に所属していました。高校の時はちょうど自然保護運動が、全国的に盛り上がっていた頃で、自然保護に関することに興味がありました。大学を卒業してから島根大学の助手として6年間くらい島根大学で働いていましたが、私には向いてないと思い、スパッとやめて今の職業に就いています。今は農業・猟師とあとはすごくいろいろなことをしています。

鹿取《かとり》　悦子《えつこ》

京都大学農学部林学科卒、同大学院修士課程修了、島根大学に就職後、フィールドだった芦生の原生林のある美山町に移住、就職し、農作や狩猟など自然とともに暮らす。

特定非営利活動法人　芦生自然学校理事、株式会社　野生復帰計画取締役。

鹿取さん

進行　美山に移住して仕事にしながら、暮らしているということは既にお話しいただきましたけども、その具体的な状況を説明してください。

鹿取　私の職場は観光農園江和ランドというところです。コテージや宿泊施設があって、貸農園があります。昔竹藪だったところを切り開いて、建物を建てて、すでに開設して20年以上が経過しています。今では、木も大きくなって雰囲気のあるところになっています。

事業としては、貸農園・宿泊施設・バーベキューコーナーと田んぼと畑での農業、あとブドウ園もしています。それと、美術館もあります。貸農園には、最近子ども連れの人が多く来るのですが、京都市内から1時間半くらいかかるので、農業をするにはちょっと遠いかなと思っています。

進行　何年前に猟師になられましたか。

鹿取　実は、島根大学にいる時に猟師になりました。本格的にやり始めたのは美山に来てからです。

進行　何種類くらいの収入があるのですか。

鹿取　メインは3つくらいで、江和ランドと猟師とあとNPOです。

進行　女性ひとりでいきなり「農ある生活」と言っても、難しいところがいっぱいあると思います。例えば、子どもを育てたいけど、子育て中、畑を休んだりできないわけです。そういうなかで、「農ある生活」をしたい人が、そういう生活ができるようになるためには、これからどんなことが求められると思いますか。

鹿取　入り口としてはどこかの事業所なりで働くというのがまず入り口だと思います。いきなり、起業するという人もいるかもしれませんけど、結構難しいです。なので、そういうところに一度勤めて、それから、その都度、模索してくのがいいと私自身思います。

おわりに

本書は京都大学大学院農学研究科に設置された寄附講座「「農林中央金庫」次世代を担う農企業戦略論講座」の2015年度の研究調査活動の成果を中心にまとめたものである。同寄附講座は2012年の設置後3年間を一つの目途に研究、教育、普及活動をおこなってきたため、その各年度の成果を報告してきた前シリーズ「農業経営の未来戦略」も3巻をもっていったん完結としたところである。しかし、寄附者である農林中央金庫のご理解とご厚意により寄附講座が継続されることとなり、その活動を引き続き紹介するため新たなシリーズ「次世代型農業の針路」を発刊することとなった。

新たなスタートを切った寄附講座の2015年度の活動は、これまで以上に多様で活発であった。研究分野においては、京都大学における農業経営学研究の伝統にのっとり、現場に足を運んで農業経営に密接に関わる関係者の声に耳を傾けた。そうして農業経営の現場で何が起きているのかを深く把握しつつ、2015年度は農業におけるアントレプレナーシップ（起・企業家精神）を主要研究テーマの一つに掲げ、これまでに研究を進めてきた六次産業化、産地や農協の役割と関連付け、農業者によるイノベーションの動態の理論面からの接近を試みた。その成果は、学会や左記のシンポジウムで報告されたほか、本書第1章および第2章として結実している。

教育分野においては、学部科目「農業経営の未来戦略」および大学院科目「次世代型農業の統治と経営」を担当し、農業経営の多面的・複眼的な理解を促すため、多くの学生に最新の研究成果や外部講師による実務的なテーマも含めた多様な講義を提供した。特に前者は、京都地域の大学間連携と相互協力を図る（公財）大学コンソーシアム京都による単位互換プログラムの一環として、京都の他大学からの学生も受け入れ、研究成果を社会に幅広く還元することもめざしている。

普及分野においては、恒例となった年2回（6月と12月）の寄附講座主催のシンポジウムに加えて、新たな試みとして2016年2月に、農業や関連分野でのキャリアを目指す京都大学現役学生やOB・OGを主な対象にした「キャリアワークショップ」を開催した。農業者だけでなく、農業支援に熱心な民間企業や就農支援をおこなう行政関係者によるレクチャーを交え、農業関連分野でのキャリア開発にむけた実践的な情報の提供と意見交換をおこなった。初めての試みながら、学生を中心に多くの聴衆が集まり、キャリア追求の場としての農業分野への関心の高さがうかがわれ、次年度以降も継続して開催する運びである。

このように新たな展開をみせる寄附講座の活動が今後どうなっていくのか、担当者としても興味がつきないところだが、農業経営に関する最先端の知識を研究・教育・普及を通じて、幅広く社会に伝えていく使命を改めて肝に銘じ、活動を続けていく所存である。

最後になるが、寄附を継続してくださる農林中央金庫はじめ、多くの方々のご理解とご支援によりこれら様々な活動をつうじて成果をあげることができたことについて、心からお礼を申し上げたい。

2016年11月

京都大学大学院農学研究科生物資源経済学専攻
寄附講座「農林中央金庫」次世代を担う農企業戦略論」
特定准教授　坂本清彦
特定助教　川﨑訓昭

◇◆編著者◆◇

小田　滋晃（おだ　しげあき）

京都大学大学院農学研究科教授
1954年生まれ。1984年より大阪府立大学農学部助手を経て、1993年京都大学農学部附属農業簿記研究施設講師、助教授、2004年より現職。専門は、農業経済学、農業経営学、農業会計学、農業情報学。農業生産の現場に軸足を置きつつ、農業及び農業関連産業における「ヒト、モノ、農地、カネ」の関係や有り様をアグリ・フード産業クラスター、六次産業化や農商工連携をキーワードにして研究をおこなっている。『農業におけるキャリア・アプローチ』(編著、農林統計協会)、『ワインビジネス――ブドウ畑から食卓までつなぐグローバル戦略』（監訳、昭和堂)、「アグリ・フードビジネスの展開と地域連携」『農業と経済』（昭和堂）第78巻第2号など多数。

坂本　清彦（さかもと　きよひこ）

京都大学大学院農学研究科特定准教授
1970年生まれ。千葉大学園芸学部卒業後、青年海外協力隊員、農林水産省職員を経て、米国ケンタッキー大学でPh.D（社会学）取得。同大学非常勤講師などを経て、2014年4月より現職。専門は農業社会学、農村開発。主な著書に、「TPP交渉参加国の植物衛生検疫措置――紛争事例や地域主義を題材に」『農業と経済』79巻9号（2014年）など。

川﨑　訓昭（かわさき　のりあき）

京都大学大学院農学研究科特定助教
1981年生まれ。京都大学農学部卒業、京都大学大学院農学研究科博士後期課程研究指導認定。2012年より現職。専門は、農業経営学、産業組織論。主な著書は『農業におけるキャリア・アプローチ（日本農業経営年報第7巻)』（共著、農林統計協会、2009年)。『農業構造変動の地域分析』（共著、農山漁村文化協会、2012年)。

◇◆執筆者◆◇（章順）

長谷　祐（ながたに　たすく）

京都大学大学院農学研究科研修員
1985年生まれ。京都大学農学部卒業、京都大学大学院農学研究科博士後期課程研究指導認定。日本学術振興会特別研究員DCを経て、2015年より現職。主な著書は『農業におけるキャリア・アプローチ（日本農業経営年報第7巻)』（共著、農林統計協会、2009年)。『ワインビジネス』（共訳、昭和堂、2010年)。

上西　良廣（うえにし　よしひろ）

農研機構食農ビジネス推進センター・研究員
1989年生まれ。京都大学農学部、京都大学大学院農学研究科修士課程を修了。2016年より現職。品種や栽培技術の普及に関する研究をおこなっている。著書に「新たな農法による産地形成の実態――兵庫県豊岡市の「コウノトリ育む農法」を事例として」〔『進化する「農企業」（農業経営の未来戦略 3)』（昭和堂、2015年）所収〕。

高橋　隼永（たかはし　じゅんえい）

京都大学大学院農学研究科修士課程
1991年生まれ。京都大学農学部食料環境経済学科卒業、京都大学大学院農学研究科修士課程在学中。
中山間地域における限界集落の活性化について研究をおこなっている。

小林　正幸（こばやし　まさゆき）

NPO無施肥無農薬栽培調査研究会・理事
1950年生まれ。大阪工業大学土木工学科卒業。建設会社勤務を経て1980年より無施肥無農薬栽培試験圃場の担当者となり、2000年より現職。以降、無施肥無農薬栽培の調査研究や、全国の生産者への技術支援、普及活動に従事している。

長命　洋佑（ちょうめい　ようすけ）

九州大学大学院農学研究院助教
2009年より日本学術振興会特別研究員（PD)、2012年京都大学大学院農学研究科特定准教授を経て、2014年より現職。
主な著書に『動き始めた「農企業」（農業経営の未来戦略 1)』（共著、2013年、昭和堂）他。
専門は、農業経済学、農業経営学。

南石　晃明（なんせき　てるあき）

九州大学大学院農学研究院教授
1983年農林水産省入省。農林水産省農業研究センター研究室長などを経て、2007年より現職。
主な著書に『農業におけるリスクと情報のマネジメント』（農林統計出版、2011年）、『TPP時代の稲作経営革新とスマート農業――営農技術パッケージとICT活用』（南石晃明·長命洋佑·松江勇次［編著］、養賢堂、2016年）他多数。
専門は、農業経済学、農業経営学、農業情報学。

由井　照人（ゆい　てると）

農林漁業成長産業化支援機構監査室長
1955年生まれ。1978年京都大学農学部農林経済学科卒業、同年農林中央金庫入庫、2007年農中信託銀行（株）常務取締役、2013年農林中金全共連アセットマネジメント（株）常勤監査役を経て2015年（株）農林漁業成長産業化支援機構入社。

本田　恭子（ほんだ　やすこ）

岡山大学大学院環境生命科学研究科助教
1981年生まれ。京都大学農学研究科博士課程修了、2012年に博士（農学）取得。2012年より岡山大学大学院環境生命科学研究科特任助教を経て、2016年より現職。専門は農業経済学、農村社会学。著書に『地域資源保全主体としての集落——非農家・新住民参加による再編をめざして』農林統計協会、2013年。

小林　康志（こばやし　やすし）

伊賀市市役所職員、NPO法人スタイルワイナリー・法人代表。

「耕作放棄地を含む遊休農地の有効活用による地域活性化に関する研究」と、「地域内の遊休農地で栽培された菜の花を地域活性化に資するための実証的研究」に取り組み、地域内で開発された遊休農地解消方策及び地域活性化方策の他地域への利活用を提案しており、研究成果の社会還元にも大きく貢献している。

岡山　信夫（おかやま　のぶお）

株式会社農林中金総合研究所常任顧問
1954年生まれ。1978年京都大学法学部卒業、同年農林中央金庫入庫。名古屋支店長、人事部長を経て2007年農林中金総合研究所常務取締役、代表取締役専務、2014年より現職。
協同組合組織を基盤に、中国研究者との研究交流、震災復興調査等に取り組んでいる。

次世代型農業の針路Ⅰ 「農企業」のアントレプレナーシップ
——攻めの農業と地域農業の堅持

2016年12月20日 初版第1刷発行

編著者 小田滋晃
坂本清彦
川崎訓昭
発行者 杉田啓三

〒606-8224 京都市左京区北白川京大農学部前
発行所 株式会社 昭和堂
振替口座 01060-5-9347
TEL（075）706-8818／FAX（075）706-8878

印刷 亜細亜印刷

ISBN978-4-8122-1608-8

＊落丁本・乱丁本はお取り替えいたします

Printed in Japan